U0387026

本书相关研究工作和出版得到以下项目资助

国家自然科学基金地区科学基金项目"西南地区竹子头喙类昆虫区系分类、DNA条形码及多媒体鉴定系统研究"（32460397）

国家自然科学基金地区科学基金项目"西南地区竹子蜡蝉的区系、分类及DNA条形码研究"（32060343）

国家自然科学基金面上项目"菱蜡蝉科昆虫系统发育关系重建暨中国菱蜡蝉区系分类研究"（32470479）

国家自然科学基金地区科学基金项目"基于形态学特征和分子数据的颖蜡蝉科昆虫分类及系统发育研究"（32360131）

国家自然科学基金地区科学基金项目"中国林业害虫扁蜡蝉科分类订正及系统发育研究"（32260399）

中国竹子蜡蝉生态图鉴

陈祥盛　杨　琳　龙见坤　常志敏　著

科学出版社

北　京

内 容 简 介

竹子蜡蝉是在竹类植物上取食为害的昆虫纲半翅目头喙亚目蜡蝉总科昆虫的通称。本书以生态图鉴的形式报道了我国143种竹子蜡蝉，隶属于12科62属。书中列出了每种蜡蝉的中文名、拉丁名、分类地位、危害竹子情况及地理分布等信息，提供了每种蜡蝉的生态、生境及寄主植物的照片783张。这些竹子蜡蝉生态照片、生境及寄主植物照片，除特别注明外，均为作者在长期野外调查研究过程中拍摄，大部分是首次发表。

本书有助于对常见竹子蜡蝉的识别和鉴定，可供高等院校、科研院所、农林业生产部门等从事昆虫学研究、教学的人员，以及从事森林保护、植物保护等的工作人员参考阅读。

图书在版编目（CIP）数据

中国竹子蜡蝉生态图鉴/陈祥盛等著. -- 北京：科学出版社，2024. 11.
ISBN 978-7-03-079895-4

Ⅰ. S763.75-64

中国国家版本馆CIP数据核字第2024J8H305号

责任编辑：张会格　付　聪/责任校对：郭瑞芝
责任印制：肖　兴/封面设计：金舵手世纪

科学出版社 出版
北京东黄城根北街16号
邮政编码：100717
http://www.sciencep.com

北京中科印刷有限公司印刷
科学出版社发行　各地新华书店经销
*
2024年11月第 一 版　开本：720×1000 1/16
2024年11月第一次印刷　印张：15 1/2
字数：310 000
定价：228.00元
（如有印装质量问题，我社负责调换）

前言

　　蜡蝉类昆虫隶属于半翅目Hemiptera头喙亚目Auchenorrhyncha蜡蝉总科Fulgoroidea，包括飞虱、瓢蜡蝉、菱蜡蝉、袖蜡蝉、广蜡蝉、颖蜡蝉、象蜡蝉、扁蜡蝉、卡蜡蝉、脉蜡蝉、璐蜡蝉等10余个类群。蜡蝉中很多种类通过刺吸汁液、产卵或传播植物病毒病等方式为害农作物、果树和林木，常造成重大经济损失。

　　蜡蝉是竹子生长过程中常见的刺吸昆虫类群之一（为便于表述，以下将在竹子上取食为害的蜡蝉统称为"竹子蜡蝉"），有的种类已成为竹子生产上的主要害虫，如叉突竹飞虱 *Bambusiphaga furca*、台湾竹飞虱 *Bambusiphaga taiwanensis*、花翅梯顶飞虱 *Arcofacies maculatipennis*、黄小头飞虱 *Malaxella flava*、台湾叶角飞虱 *Purohita taiwanensis*、短头飞虱 *Epeurysa nawaii*、无刺长趾飞虱 *Kakuna nonspina*、中突长趾飞虱 *Kakuna zhongtuana*、李氏偏角飞虱 *Neobelocera lii*、海南竹飞虱 *Bambusiphaga hainanensis*、基褐竹飞虱 *Bambusiphaga basifusca*、梵净竹卡蜡蝉 *Bambusicaliscelis fanjingshanensis*、举钩同线菱蜡蝉 *Neocarpia hamata*、双齿同线菱蜡蝉 *Neocarpia bidentata*、竹鳎扁蜡蝉 *Tambinia bambusana*、长头斯蜡蝉 *Symplana longicephala*、短头露额蜡蝉 *Symplanella brevicephala*、红额疣突卡蜡蝉 *Youtuus erythrus*、条纹疣突卡蜡蝉 *Youtuus strigatus*、竹寡室袖蜡蝉 *Vekunta bambusana* 等。然而，由于竹子蜡蝉种类繁多，数量大，同时，大多数种类个体小，同属种类的形态和体色斑纹差异不明显，加上为害初期竹子症状不明显，没有引起足够重视，导致长期以来国内外对竹子蜡蝉的研究非常薄弱。目前存在种类鉴定困难、物种多样性不清、发生为害及生物学和生态学相关资料缺乏等问题，给这类害虫的精准防控造成极大困难（陈祥盛和杨琳，2023）。由此可见，对竹子蜡蝉开展深入调查，掌握其物种多样性、分布、发生和危害情况，既可为头喙亚目昆虫的物种多样性研究提供基础资料，又可为农林生产中的害虫防控提供参考，在理论和实践上均具有重要的意义。

　　在多项国家自然科学基金项目和省部级项目的资助下，作者所在的研究团队长期开展竹子蜡蝉的物种多样性、发生为害及绿色防控技术等领域的研究工作，并取得了较多的研究成果，发现了一大批竹子蜡蝉的新属和新种。作者在多年的野外调查过程中积累了大量的竹子蜡蝉生态照片，本书即是对这些照片的系统整理，希望可以为这类害虫的种类鉴定以及更进一步的深入研究提供基础资料。本书记录了分布于我国的竹子蜡蝉143种（隶属于12科62属），列出了每种蜡蝉的中文名、拉丁名、分类地位、危害竹子情况及地理分布等信息，并收录了相应物种的生态、生境和寄主植物照片共计783张。书中的生态、生境和寄主植物照片，除特别注明外，均为作者在长期野外调查研究过程中拍摄，大部分是首次发表。

在多年野外调查、拍摄以及本书的编写过程中，我们得到研究团队中多位同学的帮助，他们是郑延丽、王英鉴、杨良静、智妍、罗强、董梦书、徐世燕、李洪星、姚亚林、赵正学、丁永顺、母银林、隋永金、龚念、李凤娥、王晓娅、王静、姜日新、吕莎莎、周治成、汪洁、朱文丽、郑本燕、赵永桃、刘天俊、龙婷婷、范明玉、唐敏、赵艳、冉星明、李钰琳、姚杏、李洵等。

贵州大学昆虫研究所2021届博士毕业生王英鉴、在读博士生李凤娥和吕莎莎拍摄并提供了部分蜡蝉的生态照片；2021届硕士毕业生郑心怡拍摄并提供了部分飞虱的生态照片；2015届博士毕业生郑延丽协助鉴定了象蜡蝉种类；2019届博士毕业生智妍协助鉴定了菱蜡蝉种类；2022届博士毕业生龚念协助鉴定了卡蜡蝉种类；在读博士生隋永金协助鉴定了袖蜡蝉种类；在读博士生吕莎莎协助鉴定了脉蜡蝉、璐蜡蝉种类。电子科技大学2023级本科生陈亦杨、吉首大学2022级本科生周子健多次陪同作者前往湖南武冈市云山国家森林公园、新宁县崀山国家地质公园，广西凭祥市、弄岗国家级自然保护区，贵州惠水县等地，并积极协助作者开展野外调查、标本采集和生态照片拍摄。

在本书即将出版之际，特向上述团队成员、昆虫研究所毕业研究生及亲友致以衷心的感谢！

受作者水平所限，书中不妥之处在所难免，敬请各位同行和读者朋友给予指正。

陈祥盛

2024年9月20日

目 录

一、飞虱科
Delphacidae

1. 暗褐凹顶飞虱 *Aodingus obscurus* Chen & Li（图1-1）

分类地位：飞虱科 Delphacidae 凹顶飞虱属 *Aodingus*

危害竹子情况：较轻。

地理分布：中国（云南）。

图1-1 暗褐凹顶飞虱 *Aodingus obscurus*

A～C. 成虫栖息状；D. 生境及寄主植物

（2015年8月19日，拍摄于云南盈江县城郊）

2. 丛氏凹顶飞虱 *Aodingus cuongi* Chen & Li（图1-2～图1-4）

分类地位：飞虱科 Delphacidae　凹顶飞虱属 *Aodingus*

危害竹子情况：取食甜龙竹的竹笋，危害重。

地理分布：中国（贵州、云南），越南。

图1-2　丛氏凹顶飞虱 *Aodingus cuongi*

A. 生境及寄主植物（甜龙竹）；B. 寄主植物（甜龙竹）竹笋；C～E. 成虫在甜龙竹竹笋上栖息状（白色斑点处为其产卵部位）；F. 若虫栖息状

（2022年7月10日，拍摄于贵州望谟县麻山镇）

图1-3　丛氏凹顶飞虱 *Aodingus cuongi*

A. 若虫栖息状；B. 成虫及若虫在甜龙竹竹笋上的栖息状；C～F. 成虫在甜龙竹竹笋上的栖息状

（2022年7月10日，拍摄于贵州望谟县麻山镇）

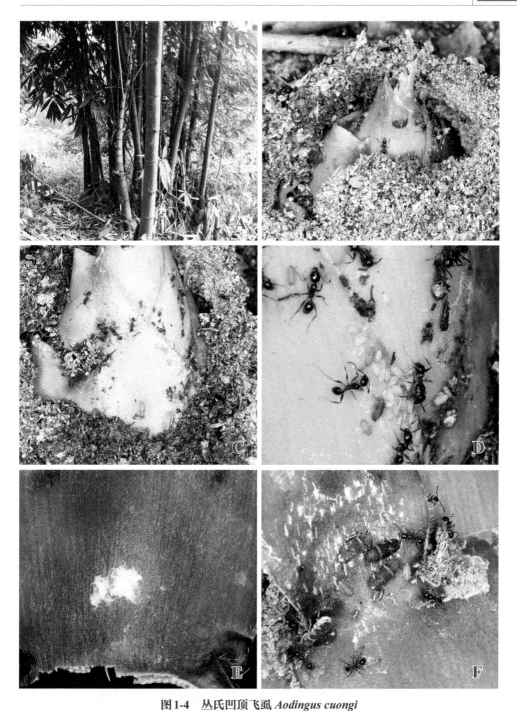

图1-4　丛氏凹顶飞虱 *Aodingus cuongi*
A. 生境及寄主植物；B～D. 若虫在竹笋上取食栖息；E. 产卵部位；F. 成虫、若虫栖息状及产卵痕
（2022年8月13日，拍摄于贵州罗甸县红水河镇）

3. 花翅梯顶飞虱 *Arcofacies maculatipennis* Ding（图1-5～图1-10）

分类地位： 飞虱科 Delphacidae　梯顶飞虱属 *Arcofacies*

危害竹子情况： 取食慈竹等多种竹子，危害较重。

地理分布： 中国（贵州、四川、广西、重庆、湖北）。

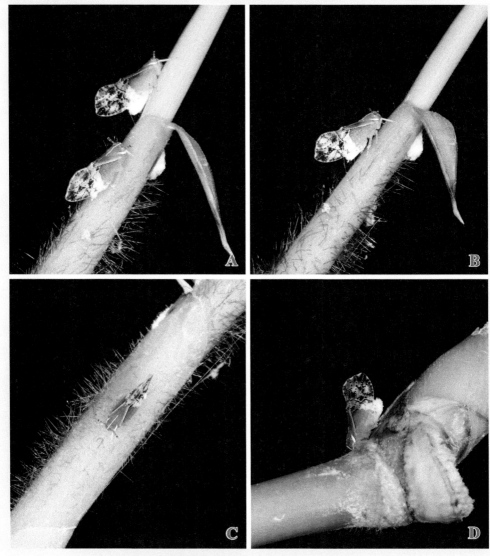

图1-5　花翅梯顶飞虱 *Arcofacies maculatipennis*

A～D. 雌成虫栖息状

（2022年7月9日，拍摄于贵州罗甸县红水河镇）

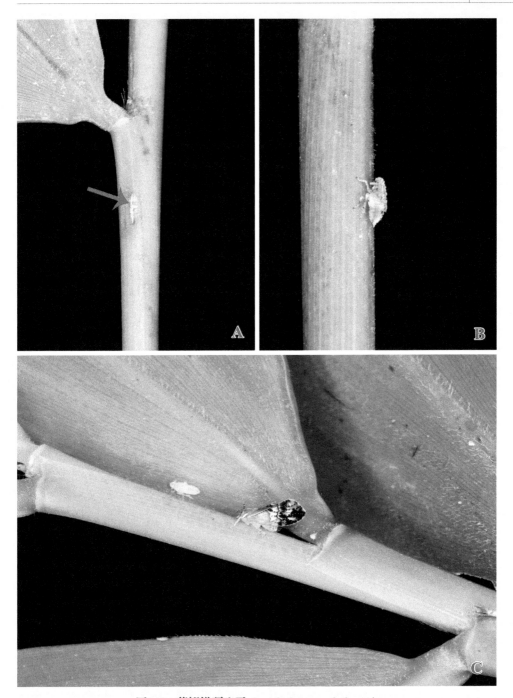

图1-6　花翅梯顶飞虱 *Arcofacies maculatipennis*
A. 产卵痕（橘色箭头所指处）；B. 若虫栖息状；C. 雄成虫栖息状
（2022年8月4日，拍摄于贵州贵安新区马场镇）

图1-7　花翅梯顶飞虱 *Arcofacies maculatipennis*

A～C. 雄成虫栖息状

（2018年7月30日，拍摄于贵州龙里县龙架山国家森林公园）

图1-8　花翅梯顶飞虱 *Arcofacies maculatipennis*

A～D. 雄成虫栖息状

（2022年8月9日，拍摄于贵州黄平县谷陇镇）

图1-9　花翅梯顶飞虱 *Arcofacies maculatipennis*

A、B. 竹笋上的产卵痕（橘色箭头所指处）；C. 雄成虫栖息状及产卵痕（橘色箭头所指处）；D. 雌成虫栖息状
（2022年8月8日，拍摄于贵州黄平县朱家山国家森林公园）

图 1-10　花翅梯顶飞虱 *Arcofacies maculatipennis*
A. 雌成虫及产卵痕；B～D. 雌成虫栖息状
（2022 年 8 月 8 日，拍摄于贵州黄平县横坡森林公园）

4. 梯顶飞虱 *Arcofacies fullawayi* Muir（图1-11～图1-13）

分类地位： 飞虱科Delphacidae　梯顶飞虱属 *Arcofacies*

危害竹子情况： 重。

地理分布： 中国（海南、云南、广西、福建、台湾、广东、安徽、江西、河南、甘肃、陕西）。

图1-11　梯顶飞虱 *Arcofacies fullawayi*

A、B. 成虫栖息状；C. 生境及寄主植物

（2013年4月12日，王英鉴拍摄于海南大田国家级自然保护区）

图1-12　梯顶飞虱 *Arcofacies fullawayi*

A～D. 雌成虫栖息状

（2015年8月19日，拍摄于云南盈江县城郊）

图1-13　梯顶飞虱 *Arcofacies fullawayi*

A～D. 成虫栖息状

（2024年8月15日，拍摄于广西凭祥市夏石镇）

5. 条翅梯顶飞虱 *Arcofacies strigatipennis* Ding（图1-14，图1-15）

分类地位：飞虱科Delphacidae　梯顶飞虱属*Arcofacies*

危害竹子情况：轻。

地理分布：中国（福建、海南、广西、广东）。

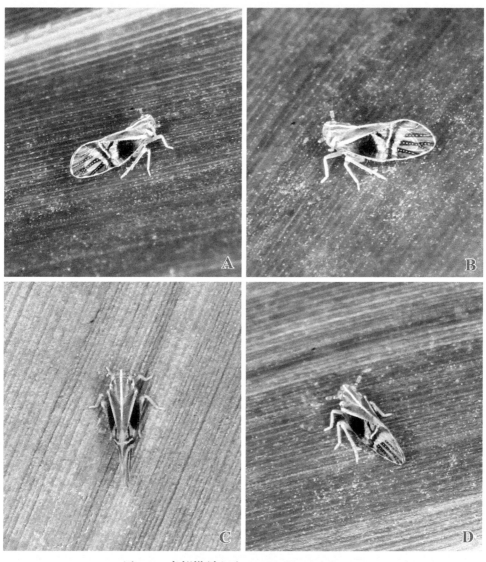

图1-14　条翅梯顶飞虱 *Arcofacies strigatipennis*

A～D．成虫栖息状

（2024年8月15日，拍摄于广西凭祥市夏石镇）

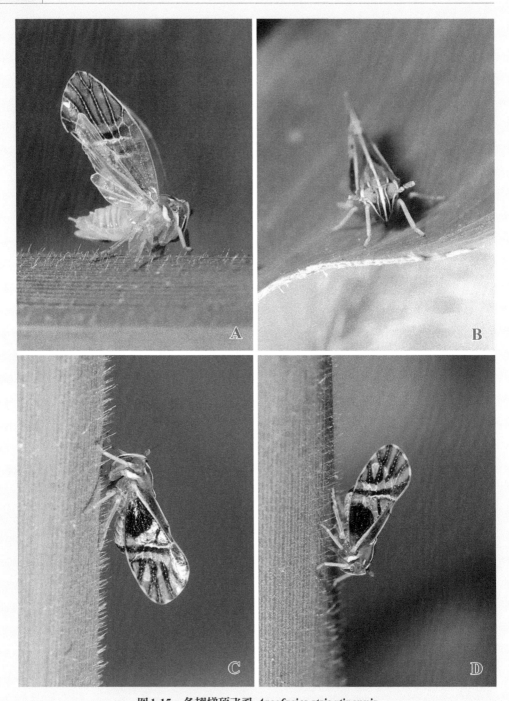

图1-15   条翅梯顶飞虱 *Arcofacies strigatipennis*

A. 雌成虫栖息状；B～D. 雄成虫栖息状

（2023年6月15日，吕莎莎、李凤娥拍摄于广东车八岭国家级自然保护区）

6. 梯顶飞虱属未定种1 *Arcofacies* sp. 1（图1-16）

分类地位：飞虱科Delphacidae 梯顶飞虱属*Arcofacies*
危害竹子情况：较轻。
地理分布：中国（海南）。

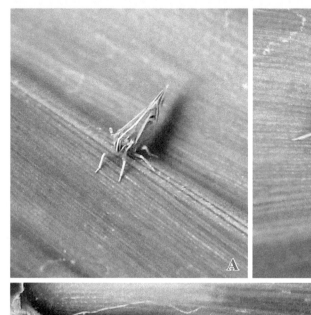

图1-16　梯顶飞虱属未定种1 *Arcofacies* sp. 1

A～C. 成虫栖息状

（2013年3月29日，拍摄于海南琼海市阳江镇）

7. 梯顶飞虱属未定种2 *Arcofacies* sp. 2（图1-17）

分类地位：飞虱科Delphacidae　梯顶飞虱属*Arcofacies*

危害竹子情况：轻。

地理分布：中国（海南）。

图1-17　梯顶飞虱属未定种2 *Arcofacies* sp. 2

A、B. 成虫栖息状；C. 生境及寄主植物

（2015年7月29日，王英鉴拍摄于海南霸王岭国家级自然保护区）

8. 突额飞虱 *Arcifrons arcifrontalis* Ding & Yang（图1-18）

分类地位：飞虱科 Delphacidae　突额飞虱属 *Arcifrons*

危害竹子情况：轻。

地理分布：中国（云南）。

图1-18　突额飞虱 *Arcifrons arcifrontalis*

A～D. 雄成虫栖息状

（2015年8月18日，拍摄于云南盈江县那邦镇）

9. 角颜飞虱 *Arcofaciella verrucosa* Fennah（图1-19～图1-22）

分类地位：飞虱科Delphacidae　角颜飞虱属*Arcofaciella*

危害竹子情况：较重。

地理分布：中国（香港、云南、江苏、贵州、福建、台湾、广东、西藏、四川、湖南、海南、广西、江西、安徽、河北、湖北、黑龙江、山东）。

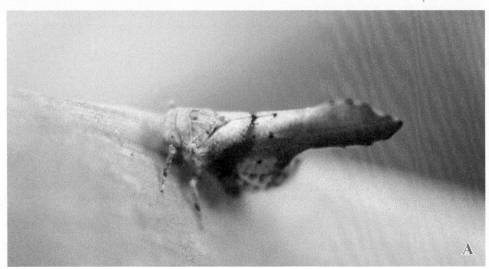

图1-19　角颜飞虱*Arcofaciella verrucosa*

A、B. 成虫栖息状；C. 生境及寄主植物

（2012年10月2日，拍摄于湖南新宁县崀山国家地质公园）

图1-20　角颜飞虱 *Arcofaciella verrucosa*

A～C. 雄成虫栖息状；D. 生境及寄主植物

（2013年3月29日，拍摄于海南琼海市阳江镇）

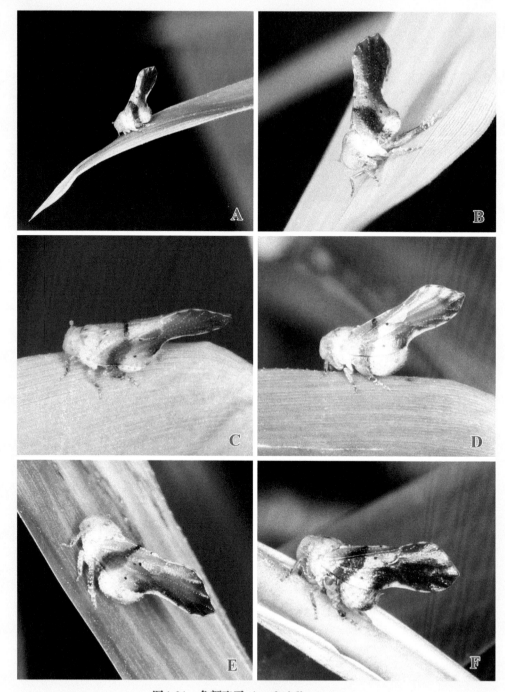

图1-21　角颜飞虱 *Arcofaciella verrucosa*

A～F. 雄成虫栖息状

（2018年8月21日，拍摄于江西武夷山国家级自然保护区）

图1-22　角颜飞虱 *Arcofaciella verrucosa*

A～C. 雄成虫栖息状；D. 生境及寄主植物

（2023年6月13日，吕莎莎、李凤娥拍摄于广东乳源瑶族自治县大桥镇）

10. 弯基角颜飞虱 *Arcofaciella obflexa* Guo & Liang（图1-23）

分类地位：飞虱科Delphacidae 角颜飞虱属*Arcofaciella*

危害竹子情况：轻。

地理分布：中国（云南）。

图1-23 弯基角颜飞虱 *Arcofaciella obflexa*

A. 雄成虫栖息状；B. 雌成虫栖息状；C. 生境及寄主植物

（2015年8月18日，拍摄于云南盈江县那邦镇）

11. 叉突竹飞虱 *Bambusiphaga furca* Huang & Ding（图 1-24，图 1-25）

分类地位：飞虱科 Delphacidae　竹飞虱属 *Bambusiphaga*

危害竹子情况：重。

地理分布：中国（贵州、云南、广西、台湾、青海、湖北、湖南），印度。

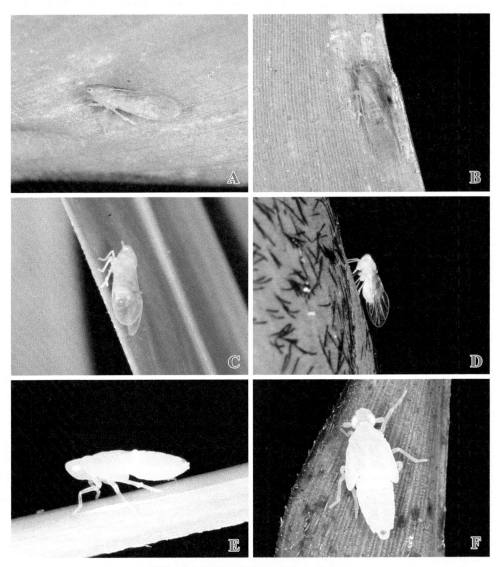

图 1-24　叉突竹飞虱 *Bambusiphaga furca*

A～D. 雄成虫栖息状；E、F. 若虫栖息状

（2022 年 10 月 8 日，拍摄于贵州贵安新区马场镇）

图1-25 叉突竹飞虱 *Bambusiphaga furca*

A、B. 雌成虫栖息状；B. 生境及寄主植物

（2014年11月23日，拍摄于贵州长顺县威远镇）

12. 带纹竹飞虱 *Bambusiphaga fascia* Huang & Tian（图1-26）

分类地位：飞虱科 Delphacidae　竹飞虱属 *Bambusiphaga*

危害竹子情况：轻。

地理分布：中国（贵州、甘肃、福建、台湾、安徽、江苏、重庆、四川、浙江、湖北、湖南）。

图1-26　带纹竹飞虱 *Bambusiphaga fascia*

A、B. 雄成虫栖息状；C. 雌成虫栖息状；D. 生境及寄主植物

（2012年10月1日，拍摄于湖南武冈市云山国家森林公园）

13. 贝氏竹飞虱 *Bambusiphaga bakeri* (Muir)（图1-27～图1-29）

分类地位：飞虱科 Delphacidae　竹飞虱属 *Bambusiphaga*

危害竹子情况：重。

地理分布：中国（贵州、云南、陕西、台湾、广西、海南、江西、河北、山东、湖北、湖南），菲律宾，马来西亚，新加坡。

图1-27　贝氏竹飞虱 *Bambusiphaga bakeri*

A～C. 雌成虫栖息状

（2013年3月29日，拍摄于海南琼海市阳江镇）

图1-28　贝氏竹飞虱 *Bambusiphaga bakeri*

A～C. 成虫栖息状；D. 生境及寄主植物

（2015年9月14日，拍摄于贵州罗甸县城郊）

图1-29 贝氏竹飞虱 *Bambusiphaga bakeri*

A～C. 成虫栖息状；D. 生境及寄主植物

（2014年11月29日，拍摄于云南景洪市郊区）

14. 台湾竹飞虱 *Bambusiphaga taiwanensis* (Muir)（图1-30～图1-32）

分类地位：飞虱科 Delphacidae 竹飞虱属 *Bambusiphaga*

危害竹子情况：较重。

地理分布：中国（海南、台湾、福建、贵州、广西、云南、湖南）。

图1-30 台湾竹飞虱 *Bambusiphaga taiwanensis*

A、B. 成虫栖息状；C. 若虫栖息状；D. 生境及寄主植物

（2013年3月26日，拍摄于海南琼海市阳江镇）

图1-31　台湾竹飞虱 *Bambusiphaga taiwanensis*

A、B. 成虫栖息状；C. 成虫和若虫（红色斑纹）栖息状；D. 生境及寄主植物

（2022年8月14日，拍摄于贵州惠水县羡塘镇）

图1-32　台湾竹飞虱 *Bambusiphaga taiwanensis*

A、B. 成虫栖息状；C. 生境及寄主植物

（2015年9月3日，拍摄于贵州安龙县仙鹤坪国家森林公园）

15. 黑斑竹飞虱 *Bambusiphaga nigropunctata* Huang & Ding（图 1-33）

分类地位：飞虱科 Delphacidae　竹飞虱属 *Bambusiphaga*

危害竹子情况：轻。

地理分布：中国（甘肃、四川、江西、陕西、贵州、重庆、海南、湖北、湖南、广西）。

图 1-33　黑斑竹飞虱 *Bambusiphaga nigropunctata*

A、B. 雌成虫栖息状；C. 生境及寄主植物

（2024 年 8 月 5 日，拍摄于广西凭祥市夏石镇）

16. 罗甸竹飞虱 *Bambusiphaga luodianensis* Ding（图1-34，图1-35）

分类地位：飞虱科 Delphacidae　竹飞虱属 *Bambusiphaga*

危害竹子情况：重。

地理分布：中国（贵州、陕西、云南、福建、海南、广西）。

图1-34　罗甸竹飞虱 *Bambusiphaga luodianensis*

A、B. 雌成虫栖息状；C. 若虫及产卵痕（白色絮状物覆盖处）；D. 若虫栖息状

（2022年8月14日，拍摄于贵州惠水县羡塘镇）

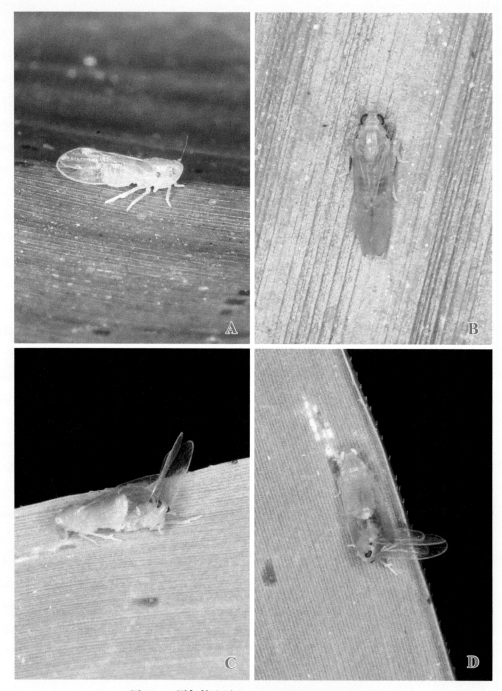

图1-35　罗甸竹飞虱 *Bambusiphaga luodianensis*

A、B. 雄成虫栖息状；C、D. 雌雄成虫交配状

（2024年8月14日，拍摄于广西凭祥市友谊镇）

17. 翅斑竹飞虱 *Bambusiphaga maculata* Chen & Li（图 1-36）

分类地位：飞虱科 Delphacidae　竹飞虱属 *Bambusiphaga*

危害竹子情况：取食箭竹等竹子，危害轻。

地理分布：中国（贵州、甘肃、云南、河南、广西、湖南）。

图 1-36　翅斑竹飞虱 *Bambusiphaga maculata*

A～C. 雄成虫栖息状；D、E. 雌成虫栖息状；F. 生境及寄主植物

（2014年9月7日，拍摄于贵州雷公山国家级自然保护区）

18. 望谟竹飞虱 *Bambusiphaga wangmoensis* Chen & Li（图1-37，图1-38）

分类地位：飞虱科Delphacidae　竹飞虱属*Bambusiphaga*

危害竹子情况：重。

地理分布：中国（贵州、云南、湖北、湖南）。

图1-37　望谟竹飞虱 *Bambusiphaga wangmoensis*

A、B. 雌成虫栖息状；C. 生境及寄主植物

（2014年11月23日，拍摄于贵州长顺县威远镇）

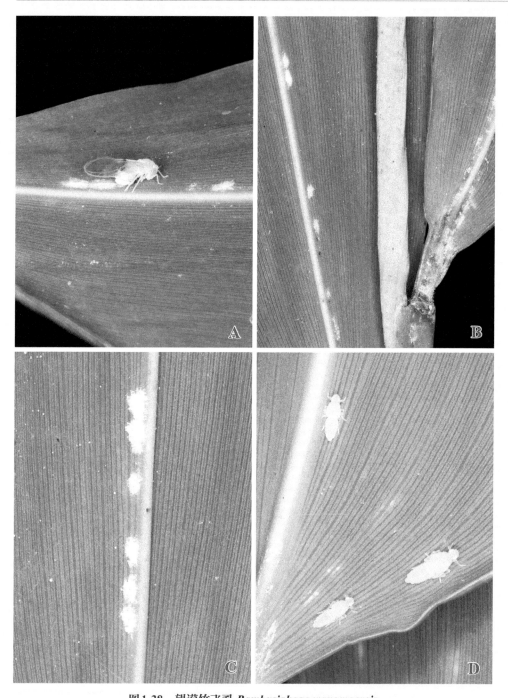

图1-38　望谟竹飞虱 *Bambusiphaga wangmoensis*

A. 雌成虫产卵状；B、C. 产卵痕（白色絮状物覆盖处）；D. 若虫栖息状

（2022年8月14日，拍摄于贵州惠水县羡塘镇）

19. 昆明竹飞虱 *Bambusiphaga kunmingensis* Yang & Chen（图1-39，图1-40）

分类地位：飞虱科Delphacidae 竹飞虱属*Bambusiphaga*

危害竹子情况：轻。

地理分布：中国（贵州、云南）。

图1-39　昆明竹飞虱 *Bambusiphaga kunmingensis*

A. 雄成虫栖息状；B、C. 雌成虫栖息状；D. 生境及寄主植物

（2015年8月12日，拍摄于云南昆明市西山森林公园）

图1-40　昆明竹飞虱 *Bambusiphaga kunmingensis*

A、B. 雄成虫栖息状；C. 生境及寄主植物

（2016年9月28日，拍摄于贵州草海国家级自然保护区）

20. 橘色竹飞虱 *Bambusiphaga citricolorata* Huang & Tian（图1-41，图1-42）

分类地位：飞虱科 Delphacidae 竹飞虱属 *Bambusiphaga*

危害竹子情况：重。

地理分布：中国（贵州、云南、湖南）。

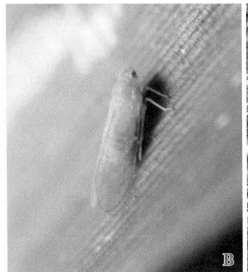

图1-41 橘色竹飞虱 *Bambusiphaga citricolorata*

A、B. 雌成虫栖息状；C. 生境及寄主植物

（2015年8月14日，拍摄于云南保山市郊区）

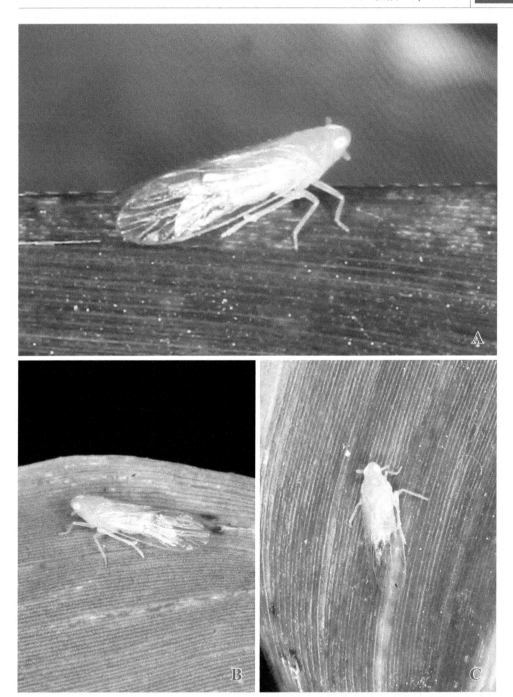

图1-42　橘色竹飞虱 *Bambusiphaga citricolorata*

A～C. 成虫栖息状

（2018年7月30日，拍摄于贵州龙里县龙架山国家森林公园）

21. 杨氏竹飞虱 *Bambusiphaga yangi* Yang & Chen（图1-43）

分类地位：飞虱科Delphacidae 竹飞虱属*Bambusiphaga*

危害竹子情况：轻。

地理分布：中国（云南）。

图1-43 杨氏竹飞虱 *Bambusiphaga yangi*

A、B. 雄成虫栖息状；C. 生境及寄主植物

（2015年8月16日，拍摄于云南梁河县城郊）

22. 景洪竹飞虱 *Bambusiphaga jinghongensis* Ding & Hu（图1-44）

分类地位： 飞虱科 Delphacidae　竹飞虱属 *Bambusiphaga*

危害竹子情况： 轻。

地理分布： 中国（云南、广西）。

图1-44　景洪竹飞虱 *Bambusiphaga jinghongensis*

A～C. 雌成虫栖息状；D. 生境及寄主植物

（2024年8月16日，拍摄于广西弄岗国家级自然保护区）

23. 盈江竹飞虱 *Bambusiphaga yingjiangensis* Li, Yang & Chen
（图1-45，图1-46）

分类地位：飞虱科 Delphacidae 竹飞虱属 *Bambusiphaga*

危害竹子情况：轻。

地理分布：中国（云南）。

图1-45 盈江竹飞虱 *Bambusiphaga yingjiangensis*

A、B. 雌成虫栖息状；C. 生境及寄主植物

（2015年8月17日，拍摄于云南盈江县城郊）

图1-46　盈江竹飞虱 Bambusiphaga yingjiangensis

A～D. 成虫栖息状

（2015年8月17日，拍摄于云南盈江县城郊）

24. 类竹飞虱 *Bambusiphaga similis* Huang & Tian（图1-47）

分类地位：飞虱科 Delphacidae　竹飞虱属 *Bambusiphaga*

危害竹子情况：轻。

地理分布：中国（云南）。

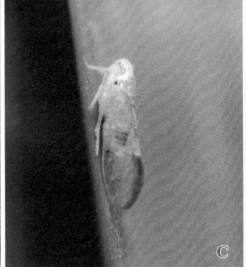

图1-47　类竹飞虱 *Bambusiphaga similis*

A～C. 雄成虫栖息状

（2015年8月19日，拍摄于云南盈江县城郊）

25. 乳黄竹飞虱 *Bambusiphaga lacticolorata* Huang & Ding（图1-48）

分类地位：飞虱科Delphacidae　竹飞虱属*Bambusiphaga*

危害竹子情况：轻。

地理分布：中国（贵州、浙江、江苏、青海、湖北、湖南、云南）。

图1-48　乳黄竹飞虱 *Bambusiphaga lacticolorata*

A、B. 雄成虫栖息状；C. 生境及寄主植物

（2015年8月21日，拍摄于云南瑞丽市莫里热带雨林风景区）

26. 黑颊竹飞虱 *Bambusiphaga nigrigena* Li, Chen & Yang（图1-49，图1-50）

分类地位：飞虱科 Delphacidae　竹飞虱属 *Bambusiphaga*

危害竹子情况：重。

地理分布：中国（云南）。

图1-49　黑颊竹飞虱 *Bambusiphaga nigrigena*

A、B. 雌雄成虫栖息状；C. 产卵痕（橘色箭头所指处）；D. 生境及寄主植物

（2018年11月18日，拍摄于云南中国科学院西双版纳热带植物园）

图1-50　黑颊竹飞虱 *Bambusiphaga nigrigena*

A～C. 雄成虫栖息状；D. 生境及寄主植物

（2015年8月20日，拍摄于云南瑞丽市莫里热带雨林风景区）

27. 竹飞虱属未定种 *Bambusiphaga* sp. （图1-51）

分类地位：飞虱科 Delphacidae　竹飞虱属 *Bambusiphaga*

危害竹子情况：轻。

地理分布：中国（贵州、台湾）。

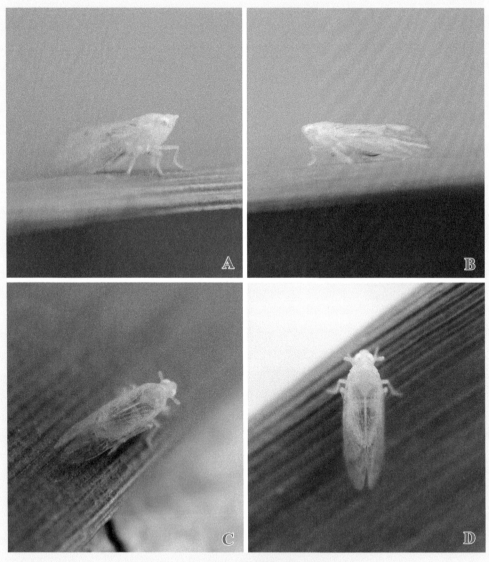

图1-51　竹飞虱属未定种 *Bambusiphaga* sp.

A～D. 成虫栖息状

（2015年9月15日，拍摄于贵州罗甸县红水河镇）

28. 基褐异脉飞虱 *Specinervures basifusca* Chen & Li（图1-52～图1-54）

分类地位： 飞虱科 Delphacidae　异脉飞虱属 *Specinervures*

危害竹子情况： 较重。

地理分布： 中国（贵州、四川、重庆、云南）。

图1-52　基褐异脉飞虱 *Specinervures basifusca*

A～D. 成虫栖息状；E、F. 雌雄成虫交尾状

（2022年6月28日，拍摄于贵州贵安新区马场镇）

图1-53　基褐异脉飞虱 *Specinervures basifusca*

A、B. 雄成虫栖息状；C. 雌成虫取食状；D. 成虫在寄主植物叶片上栖息、取食

（2018年7月30日，拍摄于贵州龙里县龙架山国家森林公园）

图1-54　基褐异脉飞虱 *Specinervures basifusca*

A. 成虫栖息状；B. 生境及寄主植物

（2022年7月9日，拍摄于贵州罗甸县龙坪镇）

29. 黑脊异脉飞虱 *Specinervures nigrocarinata* Kuoh & Ding（图 1-55）

分类地位：飞虱科 Delphacidae 异脉飞虱属 *Specinervures*

危害竹子情况：轻。

地理分布：中国（贵州、四川）。

图 1-55　黑脊异脉飞虱 *Specinervures nigrocarinata*

A～D. 成虫栖息状

（2015 年 10 月 2 日，拍摄于贵州道真仡佬族苗族自治县三桥镇）

30. 断带异脉飞虱 *Specinervures interrupta* Ding & Hu（图 1-56）

分类地位：飞虱科 Delphacidae　异脉飞虱属 *Specinervures*

危害竹子情况：轻。

地理分布：中国（台湾、云南、贵州）。

图 1-56　断带异脉飞虱 *Specinervures interrupta*

A. 雌成虫栖息状；B、C. 雄成虫栖息状；D. 生境及寄主植物

（2015 年 9 月 15 日，拍摄于贵州罗甸县红水河镇）

31. 褐额簇角飞虱 *Belocera fuscifrons* Chen（图1-57，图1-58）

分类地位：飞虱科Delphacidae 簇角飞虱属*Belocera*

危害竹子情况：较重。

地理分布：中国（贵州、甘肃、四川、安徽）。

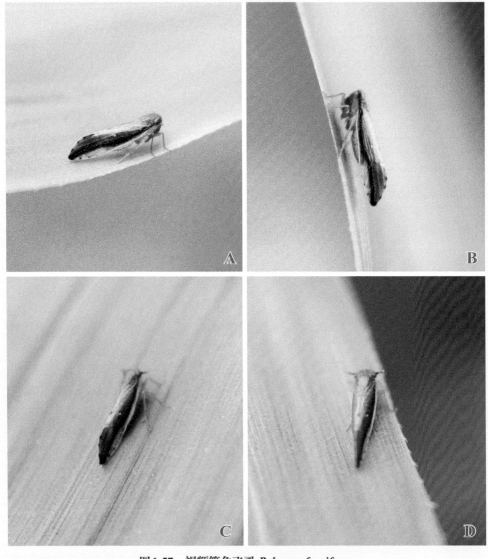

图1-57　褐额簇角飞虱 *Belocera fuscifrons*

A～D. 成虫栖息状

（2012年8月7日，拍摄于贵州贵阳市贵阳森林公园）

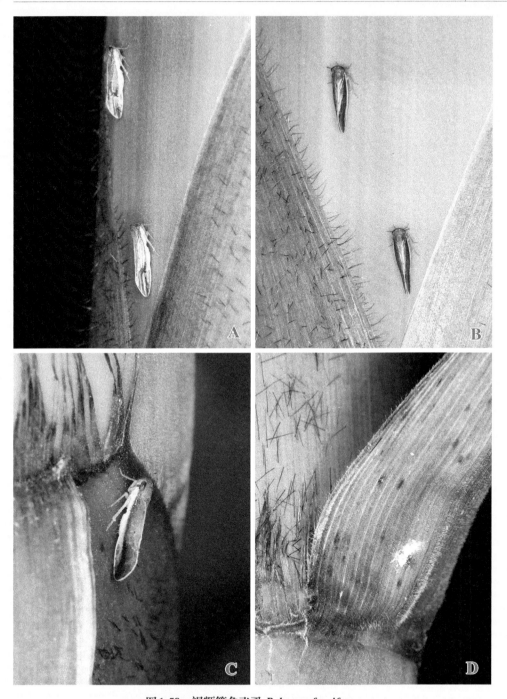

图1-58　褐额簇角飞虱 *Belocera fuscifrons*

A～C. 成虫栖息状；D. 产卵痕（白色絮状物覆盖处）

（2022年10月15日，拍摄于贵州贵安新区马场镇）

32. 拟褐额簇角飞虱 *Belocera parafuscifrons* Qin（图1-59）

分类地位：飞虱科Delphacidae　簇角飞虱属*Belocera*

危害竹子情况：较轻。

地理分布：中国（贵州、云南、江西）。

图1-59　拟褐额簇角飞虱 *Belocera parafuscifrons*

A、B. 雌成虫栖息状；C. 生境及寄主植物

（2018年9月5日，拍摄于贵州茂兰国家级自然保护区）

33. 黑背簇角飞虱 *Belocera nigrinotalis* Ding & Yang（图1-60，图1-61）

分类地位：飞虱科 Delphacidae 簇角飞虱属 *Belocera*

危害竹子情况：轻。

地理分布：中国（云南、海南、甘肃、四川、福建、湖北）。

图1-60　黑背簇角飞虱 *Belocera nigrinotalis*

A、B. 成虫栖息状；C. 生境及寄主植物

（2015年8月17日，拍摄于云南盈江县城郊）

图1-61　黑背簇角飞虱 Belocera nigrinotalis

A~C. 成虫栖息状；D. 生境及寄主植物

（2015年8月21日，拍摄于云南瑞丽市独树成林景区）

34. 中华簇角飞虱 *Belocera sinensis* Muir（图 1-62～图 1-64）

分类地位： 飞虱科 Delphacidae 簇角飞虱属 *Belocera*

危害竹子情况： 轻。

地理分布： 中国（湖南、广西、台湾、海南、澳门、广东、贵州、甘肃、陕西、山东、江苏、福建、重庆、湖北、安徽、江西）。

图 1-62   中华簇角飞虱 *Belocera sinensis*

A～C. 成虫栖息状；B. 生境及寄主植物

（2022 年 7 月 9 日，拍摄于贵州罗甸县沫阳镇）

图1-63　中华簇角飞虱 *Belocera sinensis*

A～C. 雌成虫栖息状；D. 生境及寄主植物

（2023年6月13日，吕莎莎、李凤娥拍摄于广东乳源瑶族自治县大桥镇）

图1-64 中华簇角飞虱 *Belocera sinensis*

A. 雄成虫栖息状；B、C. 雌成虫栖息状；D. 生境及寄主植物

（2024年8月18日，拍摄于广西靖西市龙潭国家湿地公园）

35. 等突短头飞虱 *Epeurysa abatana* Asche（图1-65）

分类地位：飞虱科Delphacidae 短头飞虱属*Epeurysa*

危害竹子情况：轻。

地理分布：中国（台湾、四川、云南），菲律宾。

图1-65 等突短头飞虱 *Epeurysa abatana*

A～C. 成虫栖息状；D. 生境及寄主植物

（2015年8月19日，拍摄于云南盈江县城郊）

36. 显脊短头飞虱 *Epeurysa distincta* Huang & Ding（图1-66，图1-67）

分类地位：飞虱科 Delphacidae　短头飞虱属 *Epeurysa*

危害竹子情况：重。

地理分布：中国（云南、福建、广西、四川、台湾、广东、湖南、贵州、山西）。

图1-66　显脊短头飞虱 *Epeurysa distincta*

A、B. 成虫栖息状；C、D. 嫩枝上的产卵部位（橘色箭头所指处）

（2008年5月24日，拍摄于贵州贵阳市花溪区孟关苗族布依族乡）

图1-67 显脊短头飞虱 *Epeurysa distincta*

A～C. 成虫栖息状

（2023年6月10日，吕莎莎、李凤娥拍摄于广东乳源瑶族自治县大桥镇）

37. 叉突短头飞虱 *Epeurysa divaricata* Qin（图 1-68）

分类地位：飞虱科 Delphacidae 短头飞虱属 *Epeurysa*

危害竹子情况：轻。

地理分布：中国（广东、海南）。

图1-68 叉突短头飞虱 *Epeurysa divaricata*

A、B. 雌成虫栖息状；C. 生境及寄主植物

（2013年3月25日，拍摄于海南琼海市阳江镇）

38. 烟翅短头飞虱 *Epeurysa infumata* Huang & Ding（图 1-69，图 1-70）

分类地位：飞虱科 Delphacidae 短头飞虱属 *Epeurysa*

危害竹子情况：重。

地理分布：中国（陕西、贵州、浙江、云南、江西、内蒙古）。

图 1-69 烟翅短头飞虱 *Epeurysa infumata*

A～C. 成虫栖息状

（2016 年 9 月 29 日，拍摄于贵州威宁彝族回族苗族自治县灼甫草场）

图1-70 烟翅短头飞虱 *Epeurysa infumata*

A~D. 成虫栖息状

（2018年7月30日，拍摄于贵州龙里县龙架山国家森林公园）

39. 江津短头飞虱 *Epeurysa jiangjinensis* Chen & Jiang（图 1-71，图 1-72）

分类地位：飞虱科 Delphacidae 短头飞虱属 *Epeurysa*

危害竹子情况：轻。

地理分布：中国（重庆、贵州、云南、西藏）。

图 1-71　江津短头飞虱 *Epeurysa jiangjinensis*

A～C. 成虫栖息状；D. 生境及寄主植物

（2021 年 7 月 31 日，拍摄于贵州宽阔水国家级自然保护区）

图1-72　江津短头飞虱 _Epeurysa jiangjinensis_

A～D. 成虫栖息状

（2022年10月23日，拍摄于贵州习水县东风湖国家湿地公园）

40. 短头飞虱 *Epeurysa nawaii* Matsumura（图1-73，图1-74）

分类地位：飞虱科 Delphacidae　短头飞虱属 *Epeurysa*

危害竹子情况：重。

地理分布：中国（河北、广西、四川、黑龙江、江苏、陕西、湖北、甘肃、海南、安徽、贵州、台湾、浙江、云南、河南、湖南、广东、重庆、江西、福建、内蒙古、山西），斯里兰卡，日本，俄罗斯。

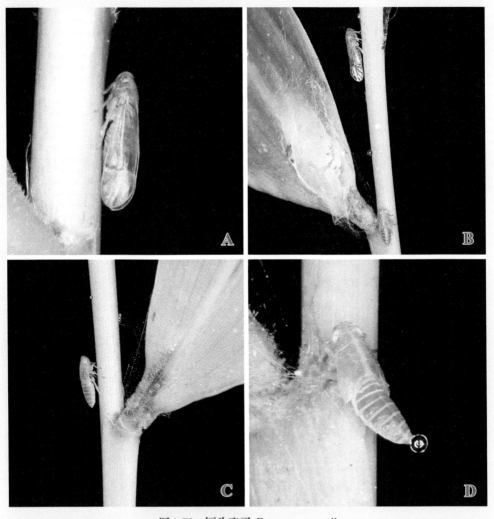

图1-73　短头飞虱 *Epeurysa nawaii*

A. 成虫栖息状；B. 成虫和若虫栖息状；C、D. 若虫栖息状

（2022年8月4日，拍摄于贵州贵安新区马场镇）

图1-74　短头飞虱 *Epeurysa nawaii*

A～D. 成虫栖息状

（2016年9月28日，拍摄于贵州草海国家级自然保护区）

41. 齿突短头飞虱 *Epeurysa subulata* Chen & Ding（图1-75）

分类地位：飞虱科 Delphacidae　短头飞虱属 *Epeurysa*

危害竹子情况：轻。

地理分布：中国（贵州）。

图1-75　齿突短头飞虱 *Epeurysa subulata*

A～C. 成虫栖息状；D. 生境及寄主植物

（2015年9月3日，拍摄于贵州安龙县仙鹤坪国家森林公园）

42. 短头飞虱属未定种 *Epeurysa* sp.（图1-76）

分类地位：飞虱科 Delphacidae　短头飞虱属 *Epeurysa*

危害竹子情况：轻。

地理分布：中国（广西）。

图1-76　短头飞虱属未定种 *Epeurysa* sp.

A～C. 成虫栖息状；D. 生境及寄主植物

（2024年8月15日，拍摄于广西凭祥市夏石镇）

43. 窈窕马来飞虱 *Malaxa delicata* Ding & Yang（图1-77）

分类地位：飞虱科 Delphacidae　马来飞虱属 *Malaxa*

危害竹子情况：重。

地理分布：中国（云南、贵州）。

图1-77　窈窕马来飞虱 *Malaxa delicata*

A、B. 雄成虫栖息状；C. 生境及寄主植物

（2012年8月27日，拍摄于贵州贵阳市贵阳森林公园）

44. 湖南马来飞虱 *Malaxa hunanensis* Chen（图1-78，图1-79）

分类地位：飞虱科Delphacidae 马来飞虱属 *Malaxa*

危害竹子情况：重。

地理分布：中国（湖南、四川、甘肃、陕西、贵州、广西）。

图1-78　湖南马来飞虱 *Malaxa hunanensis*

A～C. 雄成虫栖息状；D. 生境及寄主植物

（2014年8月8日，拍摄于湖南张家界市张家界国家森林公园）

图1-79 湖南马来飞虱 *Malaxa hunanensis*

A、B. 雄成虫栖息状；C、D. 雌成虫栖息状

（2022年8月9日，拍摄于贵州黄平县谷陇镇）

45. 半暗马来飞虱 *Malaxa semifusca* Yang & Yang（图1-80）

分类地位：飞虱科 Delphacidae　马来飞虱属 *Malaxa*

危害竹子情况：轻。

地理分布：中国（台湾、湖南、贵州、甘肃、四川、陕西）。

图1-80　半暗马来飞虱 *Malaxa semifusca*

A、B. 雄成虫栖息状；C. 生境及寄主植物

［2004年8月19日，拍摄于贵州大沙河省级自然保护区（现大沙河国家级自然保护区）］

46. 钩突马来飞虱 *Malaxa hamuliferum* Li, Yang & Chen（图1-81）

分类地位：飞虱科 Delphacidae 马来飞虱属 *Malaxa*

危害竹子情况：轻。

地理分布：中国（云南）。

图1-81 钩突马来飞虱 *Malaxa hamuliferum*

A、B. 雌成虫栖息状；C. 生境及寄主植物

（2015年8月21日，拍摄于云南瑞丽市莫里热带雨林风景区）

47. 三刺马来飞虱 *Malaxa tricuspis* Li, Yang & Chen（图1-82）

分类地位：飞虱科 Delphacidae　马来飞虱属 *Malaxa*

危害竹子情况：轻。

地理分布：中国（海南、云南）。

图1-82　三刺马来飞虱 *Malaxa tricuspis*

A～C. 成虫栖息状；D. 生境及寄主植物

（2018年11月18日，拍摄于云南中国科学院西双版纳热带植物园）

48. 马来飞虱属未定种 *Malaxa* sp.（图1-83）

分类地位：飞虱科 Delphacidae　马来飞虱属 *Malaxa*

危害竹子情况：轻。

地理分布：中国（广西）。

图1-83　马来飞虱属未定种 *Malaxa* sp.

A～C. 成虫栖息状；D. 生境及寄主植物

（2024年8月16日，拍摄于广西弄岗国家级自然保护区）

49. 黄小头飞虱 *Malaxella flava* Ding & Hu（图1-84，图1-85）

分类地位： 飞虱科 Delphacidae 小头飞虱属 *Malaxella*

危害竹子情况： 较重。

地理分布： 中国（台湾、海南、福建、广东、云南、四川、广西、江西、贵州、湖南、内蒙古、河北、辽宁、山东、安徽、河南、湖北）。

图1-84　黄小头飞虱 *Malaxella flava*

A～D. 成虫栖息状

（2015年9月14日，拍摄于贵州罗甸县罗悃镇）

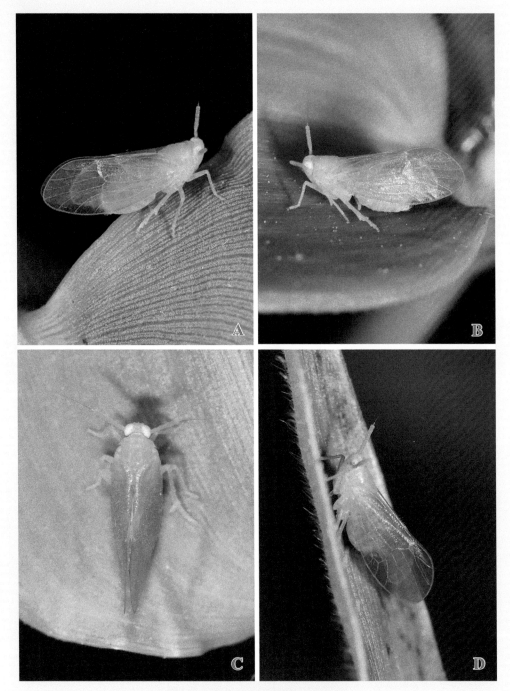

图1-85 黄小头飞虱 Malaxella flava

A~D. 成虫栖息状

（2023年6月13日，吕莎莎、李凤娥拍摄于广东乳源瑶族自治县大桥镇）

50. 四刺小头飞虱 *Malaxella tetracantha* Qin & Zhang（图1-86，图1-87）

分类地位：飞虱科 Delphacidae　小头飞虱属 *Malaxella*

危害竹子情况：轻。

地理分布：中国（福建、海南、贵州、广西、江西、四川、内蒙古）。

图1-86　四刺小头飞虱 *Malaxella tetracantha*

A～D. 成虫栖息状

（2018年9月6日，拍摄于贵州茂兰国家级自然保护区）

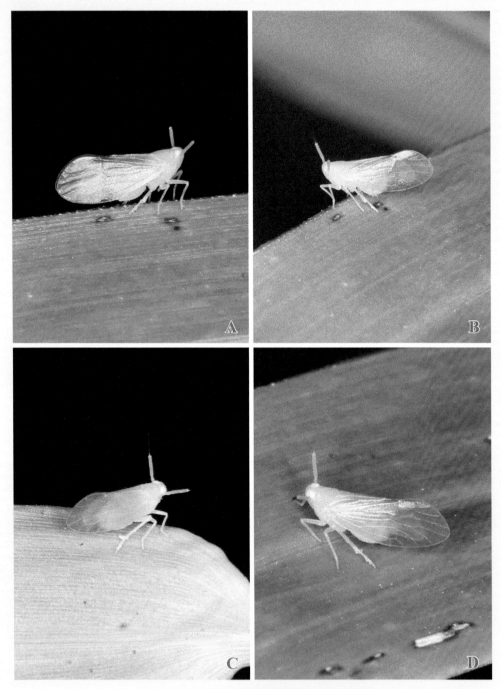

图1-87　四刺小头飞虱 Malaxella tetracantha

A～D. 成虫栖息状

（2018年8月21日，拍摄于江西武夷山国家级自然保护区）

51. 双突偏角飞虱 *Neobelocera biprocessa* Li, Yang & Chen（图1-88）

分类地位：飞虱科 Delphacidae　偏角飞虱属 *Neobelocera*

危害竹子情况：轻。

地理分布：中国（海南）。

图1-88　双突偏角飞虱 *Neobelocera biprocessa*

A、B. 成虫栖息状；C. 生境及寄主植物

（2015年8月24日，王英鉴拍摄于海南霸王岭国家级自然保护区）

52. 侧刺偏角飞虱 *Neobelocera laterospina* Chen & Liang（图1-89）

分类地位： 飞虱科 Delphacidae 偏角飞虱属 *Neobelocera*

危害竹子情况： 轻。

地理分布： 中国（四川、湖南、贵州、重庆、广西、福建）。

图1-89　侧刺偏角飞虱 *Neobelocera laterospina*

A～C. 雄成虫栖息状

（2022年8月9日，拍摄于贵州黄平县谷陇镇）

53. 锈色偏角飞虱 *Neobelocera russa* Li, Yang & Chen（图 1-90）

分类地位：飞虱科 Delphacidae　偏角飞虱属 *Neobelocera*

危害竹子情况：轻。

地理分布：中国（贵州）。

图 1-90　锈色偏角飞虱 *Neobelocera russa*

A～D. 雄成虫栖息状

（2022 年 10 月 22 日，拍摄于贵州习水县东风湖国家湿地公园）

54. 海南新隆脊飞虱 *Neocarinodelphax hainanensis* (Qin & Zhang)
（图1-91，图1-92）

分类地位：飞虱科Delphacidae　新隆脊飞虱属 *Neocarinodelphax*

危害竹子情况：轻。

地理分布：中国（海南、云南、贵州、四川、湖南、江西）。

图1-91　海南新隆脊飞虱 *Neocarinodelphax hainanensis*

A～C. 雄成虫栖息状

（2013年4月2日，拍摄于海南吊罗山国家级自然保护区）

图1-92　海南新隆脊飞虱 *Neocarinodelphax hainanensis*

A～D. 雄成虫栖息状

（2017年4月14日，王英鉴拍摄于海南五指山国家级自然保护区）

55. 褐背叶角飞虱 *Purohita castaneus* Li, Yang & Chen（图1-93，图1-94）

分类地位：飞虱科Delphacidae 叶角飞虱属*Purohita*

危害竹子情况：轻。

地理分布：中国（云南）。

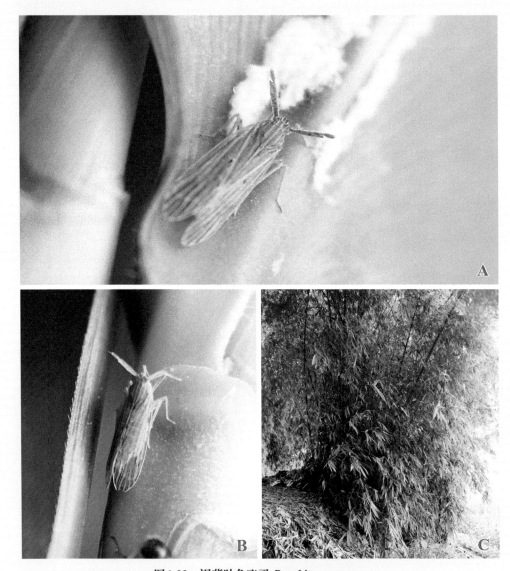

图1-93　褐背叶角飞虱 *Purohita castaneus*

A、B. 成虫栖息状；C. 生境及寄主植物

（2015年8月16日，拍摄于云南梁河县城郊）

图1-94　褐背叶角飞虱 *Purohita castaneus*

A～C. 成虫栖息状；D. 生境及寄主植物

（2014年11月30日，拍摄于云南梁河县城郊）

56. 凹缘叶角飞虱 *Purohita circumcincta* Li, Yang & Chen（图1-95，图1-96）

分类地位：飞虱科 Delphacidae 叶角飞虱属 *Purohita*

危害竹子情况：较重。

地理分布：中国（云南、贵州）。

图1-95 凹缘叶角飞虱 *Purohita circumcincta*

A～D. 成虫栖息状

（2015年8月16日，拍摄于云南梁河县城郊）

图1-96　凹缘叶角飞虱 *Purohita circumcincta*

A、B、E. 成虫栖息状；C. 成虫和若虫栖息状；D. 若虫栖息状；F. 产卵痕（白色絮状物覆盖处）

（2022年7月9日，拍摄于贵州罗甸县红水河镇）

57. 中华叶角飞虱 *Purohita sinica* Huang & Ding（图1-97，图1-98）

分类地位： 飞虱科 Delphacidae 叶角飞虱属 *Purohita*

危害竹子情况： 较重。

地理分布： 中国（贵州、云南、广西、福建、内蒙古、黑龙江、辽宁、河北、山东、湖南、安徽）。

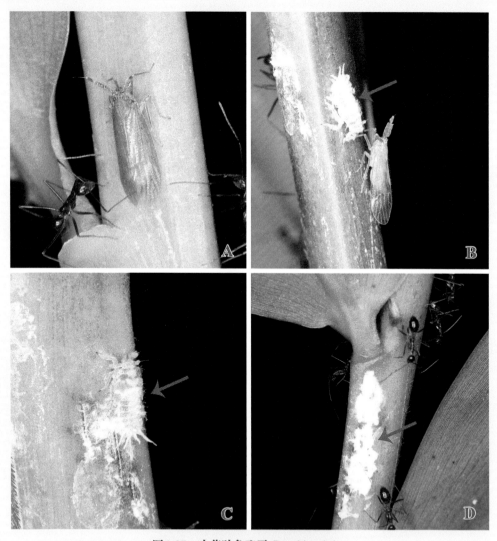

图 1-97 中华叶角飞虱 *Purohita sinica*

A. 雌成虫栖息状；B. 成虫及若虫（橘色箭头所指处）栖息状；C. 若虫栖息状（橘色箭头所指处）；

D. 产卵部位（橘色箭头所指处）

（2018年11月17日，拍摄于云南中国科学院西双版纳热带植物园）

图1-98　中华叶角飞虱 *Purohita sinica*

A、B. 成虫栖息状；C. 生境及寄主植物

（2016年6月21日，王英鉴拍摄于云南中国科学院西双版纳热带植物园）

58. 台湾叶角飞虱 *Purohita taiwanensis* Muir（图1-99～图1-103）

分类地位：飞虱科Delphacidae 叶角飞虱属*Purohita*

危害竹子情况：较重。

地理分布：中国（贵州、云南、广东、广西、海南、福建、内蒙古、黑龙江、辽宁、河北、山东、湖南、安徽）。

图1-99 台湾叶角飞虱 *Purohita taiwanensis*

A～C. 雌成虫及其产卵部位（白色絮状物覆盖处）；D. 生境及寄主植物

（2008年6月1日，拍摄于贵州罗甸县龙坪镇）

图1-100　台湾叶角飞虱 *Purohita taiwanensis*

A～C. 成虫栖息状；D. 生境及寄主植物

（2015年8月13日，拍摄于云南禄丰县城郊）

图 1-101　台湾叶角飞虱 *Purohita taiwanensis*
A～D. 雌成虫及其产卵部位（橘色箭头所指处）
（2013 年 3 月 26 日，拍摄于海南琼海市阳江镇）

图 1-102　台湾叶角飞虱 *Purohita taiwanensis*

A～C. 成虫栖息状；D. 生境及寄主植物

（2024年8月18日，拍摄于广西百色市福禄河国家湿地公园）

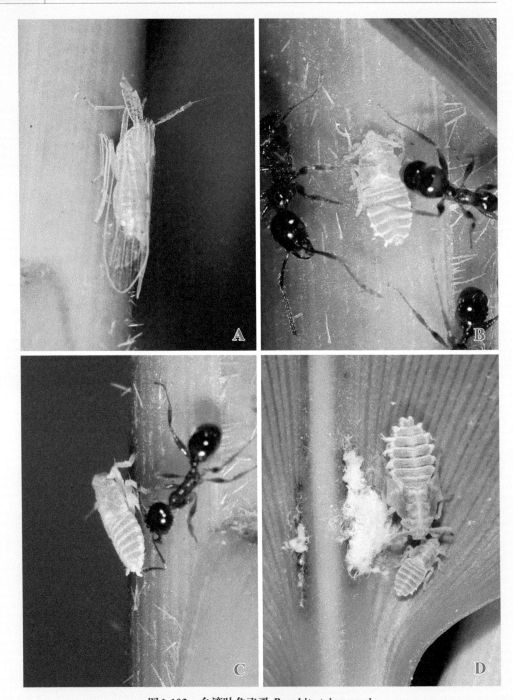

图1-103 台湾叶角飞虱 _Purohita taiwanensis_

A. 成虫栖息状；B~D. 若虫栖息状

（2023年6月29日，吕莎莎、李凤娥拍摄于广东广州市中国科学院华南植物园）

59. 纹翅叶角飞虱 *Purohita theognis* Fennah（图1-104，图1-105）

分类地位：飞虱科Delphacidae 叶角飞虱属*Purohita*

危害竹子情况：重。

地理分布：中国（贵州、云南、广西、福建、内蒙古、黑龙江、辽宁、河北、山东、湖南、安徽）。

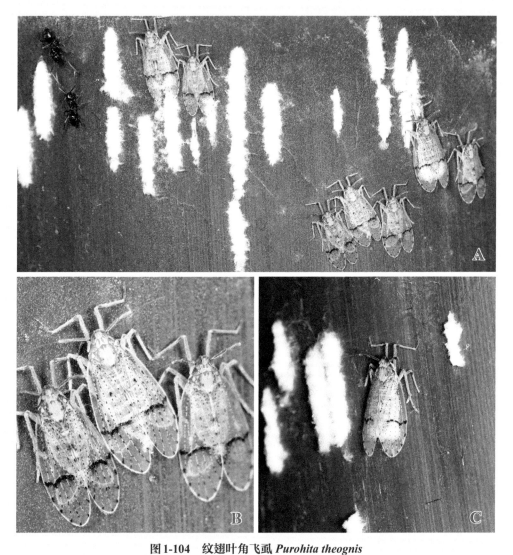

图1-104　纹翅叶角飞虱 *Purohita theognis*

A. 雌雄成虫栖息状及产卵痕（白色絮状物覆盖处）；B. 成虫栖息状；

C. 雌成虫及产卵部位（白色絮状物覆盖处）

（2019年8月17日，郑心怡拍摄于贵州遵义市绥阳县芙蓉江）

图1-105　纹翅叶角飞虱 *Purohita theognis*

A、B. 雌成虫栖息状；C、D. 雌雄成虫栖息状

（2024年8月15日，拍摄于广西凭祥市夏石镇）

60. 中突长跗飞虱 *Kakuna zhongtuana* Chen & Yang（图1-106）

分类地位：飞虱科Delphacidae 长跗飞虱属*Kakuna*

危害竹子情况：轻。

地理分布：中国（贵州）。

图1-106　中突长跗飞虱 *Kakuna zhongtuana*

A～C. 成虫栖息状

[2004年8月19日，拍摄于贵州大沙河省级自然保护区（现大沙河国家级自然保护区）]

61. 无刺长跗飞虱 *Kakuna nonspina* Chen & Yang（图1-107）

分类地位：飞虱科 Delphacidae 长跗飞虱属 *Kakuna*

危害竹子情况：轻。

地理分布：中国（贵州）。

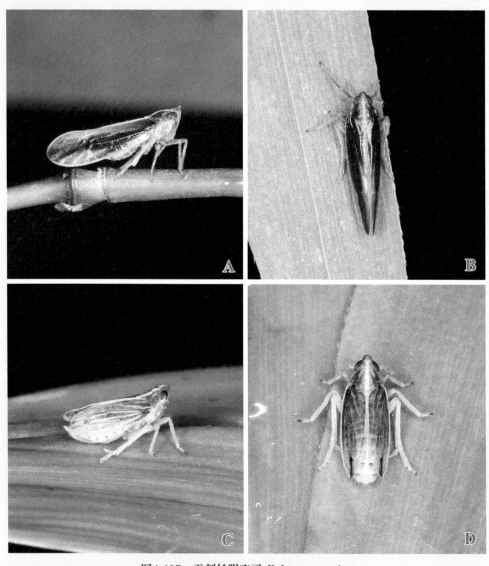

图1-107 无刺长跗飞虱 *Kakuna nonspina*

A、B. 长翅型雄成虫栖息状；C、D. 中翅型雌成虫栖息状

（2022年10月23日，拍摄于贵州习水县东风湖国家湿地公园）

62. 甘蔗扁角飞虱 *Perkinsiella saccharicida* Kirkaldy（图1-108）

分类地位：飞虱科Delphacidae 扁角飞虱属*Perkinsiella*

危害竹子情况：较重。

地理分布：中国（安徽、台湾、福建、广东、广西、海南、贵州、云南），马来西亚，印度尼西亚，美国，斐济，巴布亚新几内亚，日本，毛里求斯，法属留尼汪岛，澳大利亚，马达加斯加，南非。

图1-108   甘蔗扁角飞虱 *Perkinsiella saccharicida*

A～D. 成虫栖息状

（2024年8月16日，拍摄于广西凭祥市郊区）

63. 褐飞虱 *Nilaparvata lugens* (Stål)（图1-109，图1-110）

分类地位： 飞虱科 Delphacidae 褐飞虱属 *Nilaparvata*

危害竹子情况： 轻。

地理分布： 中国（除黑龙江、内蒙古、青海、新疆外，其余省份均有分布），俄罗斯，日本，韩国，澳大利亚，太平洋岛屿；东南亚。

图1-109　褐飞虱 *Nilaparvata lugens*

A～C. 成虫栖息状

（2018年7月30日，拍摄于贵州龙里县龙架山国家森林公园）

图1-110　褐飞虱 *Nilaparvata lugens*

A~C. 成虫栖息状；D. 生境及寄主植物

（2024年8月18日，拍摄于广西百色市福禄河国家湿地公园）

二、 袖蜡蝉科
Derbidae

64. 纤突葩袖蜡蝉 *Pamendanga filaris* Wu & Liang（图2-1）

分类地位：袖蜡蝉科Derbidae　葩袖蜡蝉属*Pamendanga*

危害竹子情况：轻。

地理分布：中国（贵州、云南）。

图2-1　纤突葩袖蜡蝉 *Pamendanga filaris*

A、B. 成虫栖息状；C. 生境及寄主植物

［2004年8月19日，拍摄于贵州大沙河省级自然保护区（现大沙河国家级自然保护区）］

65. 苏泊蒎袖蜡蝉 *Pamendanga superba* Distant（图2-2）

分类地位：袖蜡蝉科Derbidae 蒎袖蜡蝉属 *Pamendanga*

危害竹子情况：轻。

地理分布：中国（广西、贵州），印度。

图2-2 苏泊蒎袖蜡蝉 *Pamendanga superba*

A～D. 雌成虫栖息状

（2018年7月30日，拍摄于贵州龙里县龙架山国家森林公园）

66. 葩袖蜡蝉属未定种 *Pamendanga* sp.（图2-3）

分类地位： 袖蜡蝉科 Derbidae　葩袖蜡蝉属 *Pamendanga*

危害竹子情况： 轻。

地理分布： 中国（云南）。

图2-3　葩袖蜡蝉属未定种 *Pamendanga* sp.

A～C. 成虫栖息状

（2015年8月21日，拍摄于云南瑞丽市莫里热带雨林风景区）

67. 北京堪袖蜡蝉 *Kamendaka beijingensis* Wu, Liang & Jiang

（图2-4～图2-7）

分类地位：袖蜡蝉科 Derbidae   堪袖蜡蝉属 *Kamendaka*

危害竹子情况：轻。

地理分布：中国（北京、云南、贵州、广西）。

图2-4   北京堪袖蜡蝉 *Kamendaka beijingensis*

A、B. 成虫栖息状；C. 生境及寄主植物

（2015年8月13日，拍摄于云南禄丰县城郊）

图2-5　北京堪袖蜡蝉 *Kamendaka beijingensis*

A～C. 成虫栖息状；D. 生境及寄主植物

（2024年8月10日，拍摄于贵州惠水县羡塘镇）

图2-6　北京堪袖蜡蝉 *Kamendaka beijingensis*

A～D. 成虫栖息状

（2024年8月3日，拍摄于贵州罗甸县沫阳镇大小井省级风景名胜区）

图 2-7　北京堪袖蜡蝉 *Kamendaka beijingensis*

A～C. 成虫栖息状；D. 生境及寄主植物

（2024 年 8 月 16 日，拍摄于广西弄岗国家级自然保护区）

68. 类普袖蜡蝉属未定种 *Paraplatocera* sp.（图2-8）

分类地位：袖蜡蝉科 Derbidae 类普袖蜡蝉属 *Paraplatocera*

危害竹子情况：轻。

地理分布：中国（云南）。

图2-8　类普袖蜡蝉属未定种 *Paraplatocera* sp.

A～C. 雌成虫栖息状；D. 生境及寄主植物

（2015年8月14日，拍摄于云南保山市城郊）

69. 繁角卡袖蜡蝉 *Kaha perplex* (Muir)（图2-9）

分类地位：袖蜡蝉科 Derbidae 卡袖蜡蝉属 *Kaha*

危害竹子情况：轻。

地理分布：中国（云南）。

图2-9 繁角卡袖蜡蝉 *Kaha perplex*

A～C. 雄成虫栖息状；D. 生境及寄主植物

（2015年8月16日，拍摄于云南梁河县城郊）

70. 卡袖蜡蝉属未定种 *Kaha* sp.（图2-10，图2-11）

分类地位：袖蜡蝉科Derbidae 卡袖蜡蝉属 *Kaha*

危害竹子情况：轻。

地理分布：中国（云南）。

图2-10 卡袖蜡蝉属未定种 *Kaha* sp.

A、B. 雄成虫栖息状；C. 生境及寄主植物

（2018年11月18日，拍摄于云南中国科学院西双版纳热带植物园）

图2-11　卡袖蜡蝉属未定种 *Kaha* sp.

A～C. 雌成虫栖息状

（2015年8月19日，拍摄于云南盈江县）

71. 三突寡室袖蜡蝉 *Vekunta triprotrusa* **Wu & Liang**（图2-12）

分类地位：袖蜡蝉科Derbidae　寡室袖蜡蝉属 *Vekunta*

危害竹子情况：轻。

地理分布：中国（贵州、云南）。

图2-12　三突寡室袖蜡蝉 *Vekunta triprotrusa*

A～D. 雄成虫栖息状

（2021年8月29日，拍摄于贵州贵阳市花溪区花溪水库）

72. 翅痣寡室袖蜡蝉 *Vekunta stigmata* Matsumura（图2-13，图2-14）

分类地位：袖蜡蝉科 Derbidae 寡室袖蜡蝉属 *Vekunta*

危害竹子情况：轻。

地理分布：中国（台湾、贵州、湖南、云南）。

图2-13 翅痣寡室袖蜡蝉 *Vekunta stigmata*

A～C. 雌成虫栖息状

（2022年8月9日，拍摄于贵州黄平县谷陇镇）

图2-14　翅痣寡室袖蜡蝉 *Vekunta stigmata*

A～C. 成虫栖息状

（2022年8月8日，拍摄于贵州黄平县朱家山国家森林公园）

73. 竹寡室袖蜡蝉 *Vekunta bambusana* Sui & Chen（图2-15，图2-16）

分类地位： 袖蜡蝉科 Derbidae 寡室袖蜡蝉属 *Vekunta*

危害竹子情况： 取食慈竹，危害轻。

地理分布： 中国（贵州、广西）。

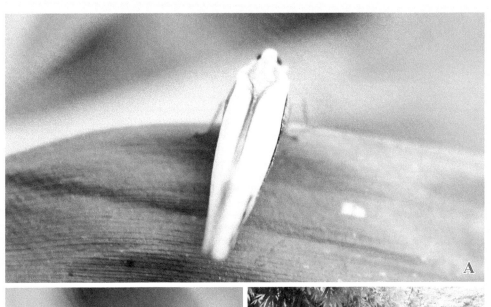

图2-15 竹寡室袖蜡蝉 *Vekunta bambusana*

A、B. 成虫栖息状；C. 生境及寄主植物

（2015年8月31日，拍摄于贵州贵阳市乌当区渔洞峡）

图2-16　竹寡室袖蜡蝉 *Vekunta bambusana*

A～C. 成虫栖息状；D. 生境及寄主植物

（2024年8月15日，拍摄于广西凭祥市夏石镇）

74. 五突寡室袖蜡蝉 *Vekunta pentaprocessusa* Sui & Chen（图2-17）

分类地位：袖蜡蝉科Derbidae　寡室袖蜡蝉属 *Vekunta*

危害竹子情况：轻。

地理分布：中国（云南）。

图2-17　五突寡室袖蜡蝉 *Vekunta pentaprocessusa*

A～C. 成虫栖息状

（2018年11月19日，拍摄于云南中国科学院西双版纳热带植物园）

75. 黑线寡室袖蜡蝉 *Vekunta fuscolineata* Rahman, Kwon & Suh（图2-18）

分类地位：袖蜡蝉科 Derbidae　寡室袖蜡蝉属 *Vekunta*

危害竹子情况：轻。

地理分布：中国（贵州），韩国。

图2-18　黑线寡室袖蜡蝉 *Vekunta fuscolineata*

A～C. 成虫栖息状

（2022年8月8日，拍摄于贵州黄平县横坡森林公园）

76. 寡室袖蜡蝉属未定种 1 *Vekunta* sp. 1（图2-19）

分类地位：袖蜡蝉科 Derbidae 寡室袖蜡蝉属 *Vekunta*

危害竹子情况：轻。

地理分布：中国（云南）。

图2-19　寡室袖蜡蝉属未定种 1 *Vekunta* sp. 1

A、B. 雄成虫栖息状；C. 生境及寄主植物

（2015年8月18日，拍摄于云南盈江县那邦镇）

77. 寡室袖蜡蝉属未定种2 *Vekunta* sp. 2（图2-20）

分类地位： 袖蜡蝉科Derbidae 寡室袖蜡蝉属 *Vekunta*

危害竹子情况： 轻。

地理分布： 中国（贵州）。

图2-20 寡室袖蜡蝉属未定种2 *Vekunta* sp. 2

A～C. 成虫栖息状；D. 生境及寄主植物

（2024年8月10日，拍摄于贵州惠水县羡塘镇）

78. 寡室袖蜡蝉属未定种 3 *Vekunta* sp. 3（图2-21）

分类地位：袖蜡蝉科 Derbidae　寡室袖蜡蝉属 *Vekunta*

危害竹子情况：轻。

地理分布：中国（贵州）。

图2-21　寡室袖蜡蝉属未定种3 *Vekunta* sp. 3

A～C. 成虫栖息状；D. 生境及寄主植物

（2024年8月3日，拍摄于贵州罗甸县沫阳镇）

79. 斑袖蜡蝉属未定种 *Proutista* sp. （图2-22）

分类地位： 袖蜡蝉科 Derbidae　斑袖蜡蝉属 *Proutista*

危害竹子情况： 轻。

地理分布： 中国（云南）。

图2-22　斑袖蜡蝉属未定种 *Proutista* sp.

A～C. 雄成虫栖息状

（2015年8月18日，拍摄于云南盈江县那邦镇）

80. 饰袖蜡蝉属未定种1 *Shizuka* sp. 1（图2-23）

分类地位：袖蜡蝉科 Derbidae　饰袖蜡蝉属 *Shizuka*

危害竹子情况：取食野龙竹，危害轻。

地理分布：中国（云南）。

图2-23　饰袖蜡蝉属未定种1 *Shizuka* sp. 1

A～C. 雄成虫栖息状

（2015年8月20日，拍摄于云南瑞丽市莫里热带雨林风景区）

81. 饰袖蜡蝉属未定种 2 *Shizuka* sp. 2（图2-24～图2-26）

分类地位： 袖蜡蝉科 Derbidae 饰袖蜡蝉属 *Shizuka*

危害竹子情况： 较重。

地理分布： 中国（贵州、云南）。

图2-24 饰袖蜡蝉属未定种 2 *Shizuka* sp. 2

A～D. 雌成虫栖息状

（2022年7月9日，拍摄于贵州罗甸县沫阳镇）

图2-25　饰袖蜡蝉属未定种2 *Shizuka* sp. 2

A～C. 雌成虫栖息状；D. 生境及寄主植物

（2024年8月10日，拍摄于贵州惠水县羡塘镇）

图2-26　饰袖蜡蝉属未定种2 *Shizuka* sp. 2

A、B. 雄成虫栖息状；C. 生境及寄主植物

（2015年8月17日，拍摄于云南盈江县城郊）

82. 刺突新斑袖蜡蝉 *Neoproutista spinellosa* Wu & Liang（图2-27）

分类地位：袖蜡蝉科Derbidae　新斑袖蜡蝉属*Neoproutista*

危害竹子情况：轻。

地理分布：中国（云南）。

图2-27　刺突新斑袖蜡蝉 *Neoproutista spinellosa*

A～D. 成虫栖息状

（2015年8月21日，拍摄于云南瑞丽市莫里热带雨林风景区）

83. 新斑袖蜡蝉属未定种 *Neoproutista* sp.（图2-28）

分类地位： 袖蜡蝉科 Derbidae　新斑袖蜡蝉属 *Neoproutista*

危害竹子情况： 轻。

地理分布： 中国（云南）。

图2-28　新斑袖蜡蝉属未定种 *Neoproutista* sp.

A、B. 雄成虫栖息状；C. 生境及寄主植物

（2018年11月18日，拍摄于云南中国科学院西双版纳热带植物园）

84. 札幌幂袖蜡蝉 *Mysidioides sapporoensis* (Matsumura)（图2-29）

分类地位：袖蜡蝉科 Derbidae　幂袖蜡蝉属 *Mysidioides*

危害竹子情况：轻。

地理分布：中国（贵州、黑龙江、陕西、湖北、台湾），朝鲜，日本。

图2-29　札幌幂袖蜡蝉 *Mysidioides sapporoensis*

A、B. 成虫栖息状；C. 生境及寄主植物

（2016年9月24日，拍摄于贵州都匀市斗篷山景区）

85. 阿袖蜡蝉属未定种 *Alara* sp.（图2-30）

分类地位： 袖蜡蝉科 Derbidae 阿袖蜡蝉属 *Alara*

危害竹子情况： 轻。

地理分布： 中国（云南）。

图2-30 阿袖蜡蝉属未定种 *Alara* sp.

A、B. 成虫栖息状；C. 生境及寄主植物

（2018年11月19日，拍摄于云南中国科学院西双版纳热带植物园）

86. 台湾广袖蜡蝉 *Rhotana formosana* Matsumura（图2-31）

分类地位：袖蜡蝉科 Derbidae 广袖蜡蝉属 *Rhotana*

危害竹子情况：取食甜龙竹，危害轻。

地理分布：中国（贵州、台湾），越南。

图2-31　台湾广袖蜡蝉 *Rhotana formosana*

A～D. 成虫栖息状

（2022年7月10日，拍摄于贵州望谟县麻山镇）

87. 艾多哈袖蜡蝉 *Hauptenia idonea* (Yang & Wu)（图2-32）

分类地位：袖蜡蝉科 Derbidae 哈袖蜡蝉属 *Hauptenia*

危害竹子情况：轻。

地理分布：中国（贵州、台湾）。

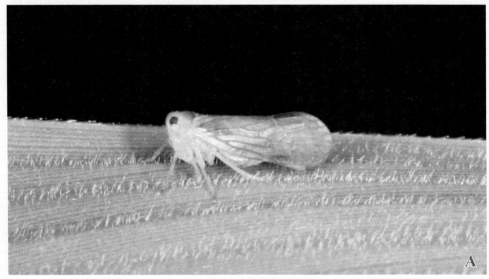

图2-32　艾多哈袖蜡蝉 *Hauptenia idonea*

A～C. 成虫栖息状

（2022年8月8日，拍摄于贵州黄平县横坡森林公园）

88. 格卢哈袖蜡蝉 *Hauptenia glutinosa* (Yang & Wu)（图2-33）

分类地位：袖蜡蝉科Derbidae 哈袖蜡蝉属*Hauptenia*

危害竹子情况：轻。

地理分布：中国（贵州、重庆、福建、海南、湖南、浙江、台湾）。

图2-33 格卢哈袖蜡蝉 *Hauptenia glutinosa*

A～D. 雄成虫栖息状

（2022年8月9日，拍摄于贵州黄平县谷陇镇）

89. 麦格哈袖蜡蝉 *Hauptenia magnifica* (Yang & Wu)（图2-34）

分类地位: 袖蜡蝉科 Derbidae 哈袖蜡蝉属 *Hauptenia*

危害竹子情况: 轻。

地理分布: 中国（广西、海南、贵州、云南、台湾）。

图2-34 麦格哈袖蜡蝉 *Hauptenia magnifica*

A~C. 成虫栖息状；D. 生境及寄主植物

（2024年8月15日，拍摄于广西凭祥市夏石镇）

90. 哈袖蜡蝉属未定种 *Hauptenia* sp.（图2-35）

分类地位：袖蜡蝉科 Derbidae　哈袖蜡蝉属 *Hauptenia*

危害竹子情况：轻。

地理分布：中国（云南）。

图2-35　哈袖蜡蝉属未定种 *Hauptenia* sp.

A～D. 成虫栖息状

（2015年8月17日，拍摄于云南盈江县城郊）

91. 萨袖蜡蝉属未定种 *Saccharodite* sp.（图2-36）

分类地位：袖蜡蝉科 Derbidae　萨袖蜡蝉属 *Saccharodite*

危害竹子情况：轻。

地理分布：中国（贵州）。

图2-36　萨袖蜡蝉属未定种 *Saccharodite* sp.

A～C. 成虫栖息状

（2022年8月13日，拍摄于贵州罗甸县龙坪镇）

92. 长袖蜡蝉属未定种1 *Zoraida* sp. 1（图2-37）

分类地位：袖蜡蝉科 Derbidae　长袖蜡蝉属 *Zoraida*

危害竹子情况：轻。

地理分布：中国（广西）。

图2-37　长袖蜡蝉属未定种1 *Zoraida* sp. 1

A～C. 雄成虫栖息状；D. 生境及寄主植物

（2024年8月16日，拍摄于广西弄岗国家级自然保护区）

93. 长袖蜡蝉属未定种2 *Zoraida* sp. 2（图2-38）

分类地位：袖蜡蝉科 Derbidae　长袖蜡蝉属 *Zoraida*

危害竹子情况：轻。

地理分布：中国（广西）。

图2-38　长袖蜡蝉属未定种2 *Zoraida* sp. 2

A、B. 雌成虫栖息状；C. 生境及寄主植物

（2024年8月14日，拍摄于广西凭祥市友谊镇）

94. 模式阿卡袖蜡蝉 *Achara typica* Distant（图2-39）

分类地位：袖蜡蝉科 Derbidae　阿卡袖蜡蝉属 *Achara*

危害竹子情况：轻。

地理分布：中国（广西），斯里兰卡。

图 2-39　模式阿卡袖蜡蝉 *Achara typica*

A～C. 雌成虫栖息状；D. 生境及寄主植物

（2024年8月16日，拍摄于广西弄岗国家级自然保护区）

三、卡蜡蝉科

Caliscelidae

95. 长头空卡蜡蝉 *Cylindratus longicephalus* Meng, Qin & Wang
（图3-1，图3-2）

分类地位：卡蜡蝉科 Caliscelidae　空卡蜡蝉属 *Cylindratus*

危害竹子情况：轻。

地理分布：中国（贵州）。

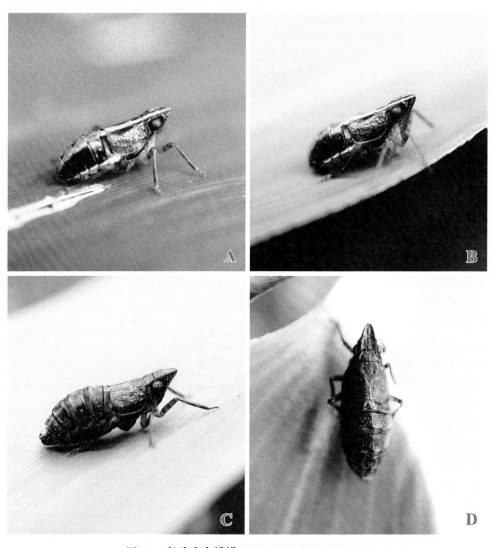

图3-1　长头空卡蜡蝉 *Cylindratus longicephalus*

A、B. 雄成虫栖息状；C、D. 雌成虫栖息状

（2014年9月7日，拍摄于贵州雷公山国家级自然保护区）

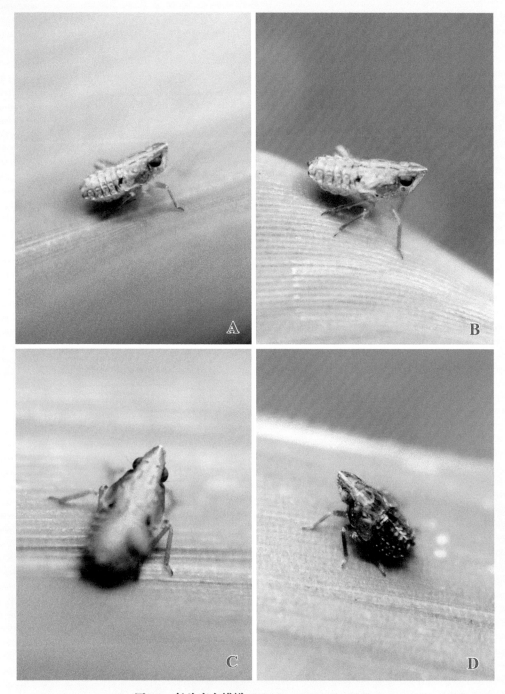

图3-2　长头空卡蜡蝉 *Cylindratus longicephalus*

A～D. 若虫栖息状

（2014年9月7日，拍摄于贵州雷公山国家级自然保护区）

96. 短头露额蜡蝉 *Symplanella brevicephala* (Chou, Yuan & Wang)
（图 3-3～图 3-5）

分类地位：卡蜡蝉科 Caliscelidae　露额蜡蝉属 *Symplanella*

危害竹子情况：轻。

地理分布：中国（云南）。

图 3-3　短头露额蜡蝉 *Symplanella brevicephala*

A、B. 成虫栖息状；C. 生境及寄主植物

（2015 年 8 月 13 日，拍摄于云南禄丰县）

图3-4　短头露额蜡蝉 *Symplanella brevicephala*

A～D. 成虫栖息状

（2018年11月17日，拍摄于云南中国科学院西双版纳热带植物园）

图3-5　短头露额蜡蝉 *Symplanella brevicephala*

A～D. 若虫栖息状

（2018年11月17日，拍摄于云南中国科学院西双版纳热带植物园）

97. 长突拟露额蜡蝉 *Pseudosymplanella maxima* Gong, Yang & Chen（图3-6）

分类地位：卡蜡蝉科 Caliscelidae 拟露额蜡蝉属 *Pseudosymplanella*

危害竹子情况：较重。

地理分布：中国（广西、云南）。

图3-6　长突拟露额蜡蝉 *Pseudosymplanella maxima*

A、C、D. 雄成虫栖息状；B. 雌成虫栖息状

（2024年8月14日，拍摄于广西凭祥市友谊镇）

98. 条纹新斯蜡蝉 *Neosymplana vittatum* Gong, Yang & Chen（图3-7）

分类地位：卡蜡蝉科 Caliscelidae　新斯蜡蝉属 *Neosymplana*

危害竹子情况：轻。

地理分布：中国（云南）。

图3-7　条纹新斯蜡蝉 *Neosymplana vittatum*

A～D. 成虫栖息状

（2015年8月19日，拍摄于云南梁河县城郊）

99. 四突柱腹蜡蝉 *Augilina tetraina* Chen & Gong（图3-8）

分类地位：卡蜡蝉科Caliscelidae 柱腹蜡蝉属*Augilina*

危害竹子情况：轻。

地理分布：中国（云南）。

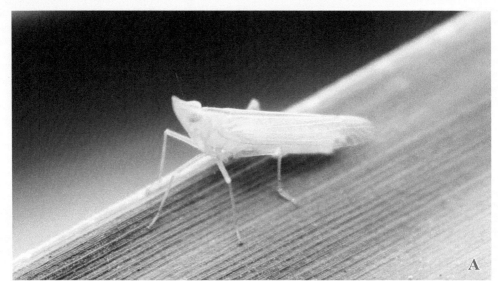

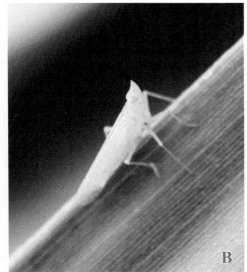

图3-8　四突柱腹蜡蝉 *Augilina tetraina*

A、B. 成虫栖息状；C. 生境及寄主植物

（2015年8月18日，拍摄于云南盈江县那邦镇）

100. 三突柱腹蜡蝉 *Augilina triaina* Chen & Gong（图3-9）

分类地位：卡蜡蝉科Caliscelidae　柱腹蜡蝉属*Augilina*

危害竹子情况：轻。

地理分布：中国（云南、广东）。

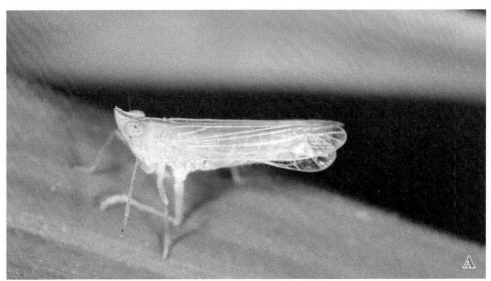

图3-9　三突柱腹蜡蝉 *Augilina triaina*

A、B. 成虫栖息状；C. 生境及寄主植物

（2023年6月15日，吕莎莎、李凤娥拍摄于广东车八岭国家级自然保护区）

101. 长头斯蜡蝉 *Symplana longicephala* Chou, Yuan & Wang（图3-10）

分类地位：卡蜡蝉科Caliscelidae　斯蜡蝉属*Symplana*

危害竹子情况：轻。

地理分布：中国（云南）。

图3-10　长头斯蜡蝉 *Symplana longicephala*

A～D. 成虫栖息状

（2015年8月18日，拍摄于云南盈江县那邦镇）

102. 短线斯蜡蝉 *Symplana brevistrata* Chou, Yuan & Wang（图3-11，图3-12）

分类地位：卡蜡蝉科Caliscelidae　斯蜡蝉属*Symplana*

危害竹子情况：轻。

地理分布：中国（贵州、广西、广东）。

图3-11　短线斯蜡蝉 *Symplana brevistrata*

A～D. 成虫栖息状

（2018年9月5日，拍摄于贵州茂兰国家级自然保护区）

图3-12　短线斯蜡蝉 _Symplana brevistrata_

A～D. 成虫栖息状

（2023年6月15日，吕莎莎、李凤娥拍摄于广东车八岭国家级自然保护区）

103. 中华卡蜡蝉 *Caliscelis chinensis* Melichar（图3-13，图3-14）

分类地位：卡蜡蝉科 Caliscelidae　卡蜡蝉属 *Caliscelis*

危害竹子情况：轻。

地理分布：中国（广西、安徽、浙江、湖南）。

图3-13　中华卡蜡蝉 *Caliscelis chinensis*

A～C. 成虫栖息状；D. 生境及寄主植物

（2018年8月22日，拍摄于湖南新宁县崀山国家地质公园）

图3-14　中华卡蜡蝉 *Caliscelis chinensis*

A~D. 雄若虫栖息状；E、F. 雌若虫栖息状

（2022年8月16日，拍摄于湖南新宁县崀山国家地质公园）

104. 梵净竹卡蜡蝉 *Bambusicaliscelis fanjingensis* Chen & Zhang（图3-15）

分类地位：卡蜡蝉科Caliscelidae　竹卡蜡蝉属*Bambusicaliscelis*

危害竹子情况：取食龙头竹等竹子，危害轻。

地理分布：中国（贵州）。

图3-15　梵净竹卡蜡蝉 *Bambusicaliscelis fanjingensis*

A、B. 雌成虫栖息状；C. 雄成虫栖息状；D. 生境及寄主植物

（2016年9月29日，拍摄于贵州威宁彝族回族苗族自治县灼甫草场）

105. 棒突竹卡蜡蝉 *Bambusicaliscelis clavatus* Gong, Yang & Chen（图3-16）

分类地位： 卡蜡蝉科Caliscelidae 竹卡蜡蝉属*Bambusicaliscelis*

危害竹子情况： 轻。

地理分布： 中国（江西）。

图3-16 棒突竹卡蜡蝉 *Bambusicaliscelis clavatus*

A～D. 雄成虫栖息状

（2018年8月19日，拍摄于江西武夷山国家级自然保护区）

106. 竹卡蜡蝉属未定种 *Bambusicaliscelis* sp.（图3-17）

分类地位：卡蜡蝉科 Caliscelidae 竹卡蜡蝉属 *Bambusicaliscelis*

危害竹子情况：取食狭叶方竹，危害轻。

地理分布：中国（贵州）。

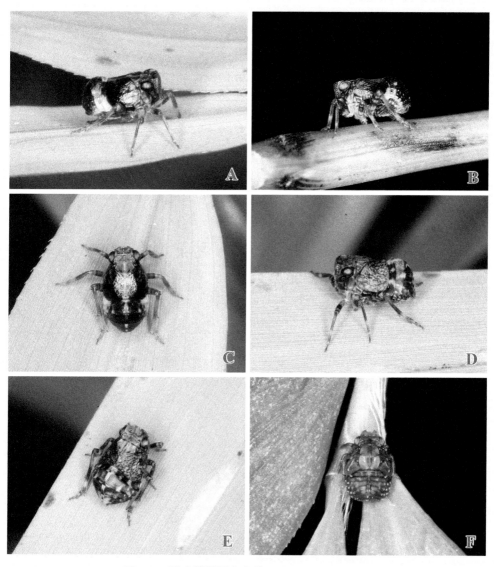

图3-17 竹卡蜡蝉属未定种 *Bambusicaliscelis* sp.

A～C. 雄成虫栖息状；D、E. 雌成虫栖息状；F. 若虫栖息状

（2022年10月22日，拍摄于贵州习水县东风湖国家湿地公园）

107. 红额疣突卡蜡蝉 *Youtuus erythrus* Gong, Yang & Chen（图3-18）

分类地位：卡蜡蝉科Caliscelidae 疣突卡蜡蝉属 *Youtuus*

危害竹子情况：取食狭叶方竹，危害轻。

地理分布：中国（贵州）。

图3-18 红额疣突卡蜡蝉 *Youtuus erythrus*

A～D. 成虫栖息状

（2022年10月22日，拍摄于贵州习水县东风湖国家湿地公园）

四、菱蜡蝉科
Cixiidae

108. 倒突同线菱蜡蝉 *Neocarpia reversa* Zhi & Chen（图4-1）

分类地位： 菱蜡蝉科Cixiidae 同线菱蜡蝉属*Neocarpia*

危害竹子情况： 轻。

地理分布： 中国（云南）。

图4-1 倒突同线菱蜡蝉 *Neocarpia reversa*

A、B. 成虫栖息状；C. 生境及寄主植物

（2015年8月21日，拍摄于云南瑞丽市莫里热带雨林风景区）

109. 双齿同线菱蜡蝉 *Neocarpia bidentata* Zhang & Chen（图4-2，图4-3）

分类地位：菱蜡蝉科Cixiidae 同线菱蜡蝉属*Neocarpia*

危害竹子情况：轻。

地理分布：中国（贵州）。

图4-2 双齿同线菱蜡蝉 *Neocarpia bidentata*

A～C. 成虫栖息状；D. 生境及寄主植物

（2015年9月14日，拍摄于贵州罗甸县罗悃镇）

图4-3　双齿同线菱蜡蝉 *Neocarpia bidentata*

A～C. 成虫栖息状；D. 生境及寄主植物

（2024年8月3日，拍摄于贵州罗甸县沫阳镇）

110. 暗翅安菱蜡蝉 *Andes notatus* Tsaur & Hsu（图4-4）

分类地位： 菱蜡蝉科Cixiidae　安菱蜡蝉属*Andes*

危害竹子情况： 轻。

地理分布： 中国（台湾、贵州）。

图4-4　暗翅安菱蜡蝉 *Andes notatus*

A、B. 成虫栖息状；C. 生境及寄主植物

（2015年9月3日，拍摄于贵州安龙县仙鹤坪国家森林公园）

111. 二叉黑带菱蜡蝉 *Kirbyana furcata* Zhi & Chen（图4-5）

分类地位： 菱蜡蝉科Cixiidae　黑带菱蜡蝉属*Kirbyana*

危害竹子情况： 轻。

地理分布： 中国（广西、云南）。

图4-5　二叉黑带菱蜡蝉 *Kirbyana furcata*

A～C. 成虫栖息状；D. 生境及寄主植物

（2024年8月17日，拍摄于广西靖西市龙邦镇）

112. 谷关菱蜡蝉 *Cixius kukuanus* Tsaur & Hsu（图4-6）

分类地位： 菱蜡蝉科Cixiidae　菱蜡蝉属*Cixius*

危害竹子情况： 轻。

地理分布： 中国（台湾、贵州）。

图4-6　谷关菱蜡蝉 *Cixius kukuanus*

A～C. 成虫栖息状；D. 生境及寄主植物

（2021年7月31日，拍摄于贵州宽阔水国家级自然保护区）

五、瓢蜡蝉科
Issidae

113. 棒突新球瓢蜡蝉 *Neohemisphaerius clavatus* Yang & Chen（图5-1）

分类地位：瓢蜡蝉科 Issidae 新球瓢蜡蝉属 *Neohemisphaerius*

危害竹子情况：取食毛环方竹，危害轻。

地理分布：中国（贵州）。

图5-1 棒突新球瓢蜡蝉 *Neohemisphaerius clavatus*

A～D. 成虫栖息状

（2016年9月23日，拍摄于贵州都匀市斗篷山森林公园）

114. 优脊瓢蜡蝉属未定种 *Eusarima* sp.（图5-2）

分类地位： 瓢蜡蝉科Issidae 优脊瓢蜡蝉属 *Eusarima*

危害竹子情况： 取食毛环方竹，危害轻。

地理分布： 中国（贵州）。

图5-2 优脊瓢蜡蝉属未定种 *Eusarima* sp.

A、B. 成虫栖息状；C. 生境及寄主植物

（2016年9月23日，拍摄于贵州都匀市斗篷山森林公园）

六、广蜡蝉科
Ricaniidae

115. 透明疏广蜡蝉 *Euricania clara* Kato（图6-1）

分类地位：广蜡蝉科Ricaniidae 疏广蜡蝉属 *Euricania*

危害竹子情况：轻。

地理分布：中国（山东、北京、山西、甘肃、贵州、陕西），日本。

图6-1　透明疏广蜡蝉 *Euricania clara*

A. 成虫栖息状；B. 生境及寄主植物

（2006年8月11日，拍摄于贵州贵阳市贵阳森林公园）

116. 圆纹宽广蜡蝉 *Pochazia guttifera* Walker（图6-2）

分类地位：广蜡蝉科 Ricaniidae　宽广蜡蝉属 *Pochazia*

危害竹子情况：轻。

地理分布：中国（贵州、广西、湖北、湖南），印度，缅甸，菲律宾，斯里兰卡，越南。

图6-2　圆纹宽广蜡蝉 *Pochazia guttifera*

A、B. 成虫栖息状；C. 生境及寄主植物

（2011年11月20日，拍摄于贵州贵阳市贵阳森林公园）

117. 眼斑宽广蜡蝉 *Pochazia discreta* Melichar（图6-3）

分类地位：广蜡蝉科Ricaniidae　宽广蜡蝉属*Pochazia*

危害竹子情况：轻。

地理分布：中国（贵州、海南、广西、湖南、浙江、广东、福建、江西、江苏）。

图6-3　眼斑宽广蜡蝉 *Pochazia discreta*

A、B. 成虫栖息状；C. 生境及寄主植物

（2022年8月17日，拍摄于湖南武冈市云山国家森林公园）

118. 宽广蜡蝉属未定种 *Pochazia* sp.（图6-4）

分类地位：广蜡蝉科 Ricaniidae 宽广蜡蝉属 *Pochazia*

危害竹子情况：轻。

地理分布：中国（贵州）。

图6-4 宽广蜡蝉属未定种 *Pochazia* sp.

A、B. 成虫栖息状；C. 生境及寄主植物

（2021年7月31日，拍摄于贵州宽阔水国家级自然保护区）

七、脉蜡蝉科
Meenoplidae

119. 加罗林脉蜡蝉 *Nisia caroliensis* Fennah（图7-1）

分类地位：脉蜡蝉科Meenoplidae　脉蜡蝉属*Nisia*

危害竹子情况：较轻。

地理分布：中国（台湾、广西、贵州、海南、陕西、湖南、西藏）。

图7-1　加罗林脉蜡蝉 *Nisia caroliensis*

A、B. 成虫栖息状；C. 生境及寄主植物

（2006年8月11日，拍摄于贵州贵阳市贵阳森林公园）

120. 美脉蜡蝉属未定种1 *Metanigrus* sp. 1（图7-2）

分类地位：脉蜡蝉科 Meenoplidae 美脉蜡蝉属 *Metanigrus*

危害竹子情况：轻。

地理分布：中国（云南）。

图7-2 美脉蜡蝉属未定种1 *Metanigrus* sp. 1

A、B. 成虫栖息状；C. 生境及寄主植物

（2018年11月18日，拍摄于云南中国科学院西双版纳热带植物园）

121. 美脉蜡蝉属未定种2 *Metanigrus* sp. 2（图7-3）

分类地位：脉蜡蝉科Meenoplidae　美脉蜡蝉属 *Metanigrus*

危害竹子情况：轻。

地理分布：中国（贵州）。

图7-3　美脉蜡蝉属未定种2 *Metanigrus* sp. 2

A～D. 成虫栖息状

（2015年10月3日，拍摄于贵州道真仡佬族苗族自治县三桥镇）

122. 美脉蜡蝉属未定种 3 *Metanigrus* sp. 3（图7-4）

分类地位： 脉蜡蝉科 Meenoplidae　美脉蜡蝉属 *Metanigrus*

危害竹子情况： 轻。

地理分布： 中国（广西）。

图7-4　美脉蜡蝉属未定种 3 *Metanigrus* sp. 3

A～C. 成虫栖息状；D. 生境及寄主植物

（2024年8月14日，拍摄于广西凭祥市友谊镇）

123. 美脉蜡蝉属未定种4 *Metanigrus* sp. 4（图7-5，图7-6）

分类地位：脉蜡蝉科Meenoplidae　美脉蜡蝉属 *Metanigrus*

危害竹子情况：轻。

地理分布：中国（云南、广西）。

图7-5　美脉蜡蝉属未定种4 *Metanigrus* sp. 4

A～C. 成虫栖息状；D. 生境及寄主植物

（2024年8月14日，拍摄于广西凭祥市友谊镇）

图7-6 美脉蜡蝉属未定种4 *Metanigrus* sp. 4

A~C. 成虫栖息状；D. 生境及寄主植物

（2024年8月17日，拍摄于广西靖西市龙邦镇）

124. 媛脉蜡蝉属未定种1 *Eponisia* sp. 1（图7-7）

分类地位： 脉蜡蝉科 Meenoplidae　媛脉蜡蝉属 *Eponisia*

危害竹子情况： 轻。

地理分布： 中国（广东）。

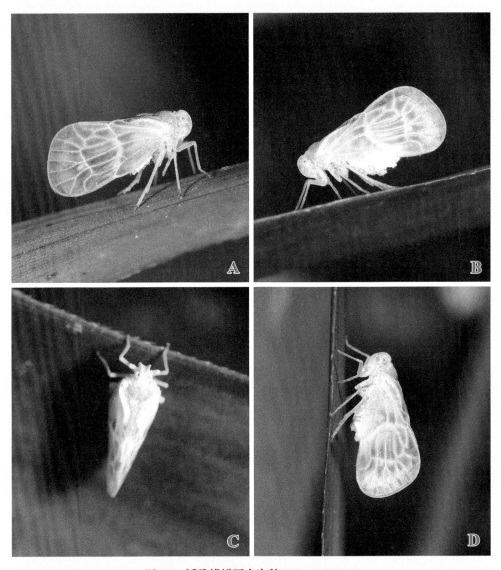

图7-7　媛脉蜡蝉属未定种1 *Eponisia* sp. 1

A～D. 成虫栖息状

（2023年6月11日，吕莎莎、李凤娥拍摄于广东南岭国家级自然保护区）

125. 媛脉蜡蝉属未定种 2 *Eponisia* sp. 2（图7-8，图7-9）

分类地位：脉蜡蝉科 Meenoplidae 媛脉蜡蝉属 *Eponisia*

危害竹子情况：轻。

地理分布：中国（广东、贵州、广西）。

图7-8 媛脉蜡蝉属未定种 2 *Eponisia* sp. 2

A～C. 成虫栖息状；D. 生境及寄主植物

（2021年7月23日，吕莎莎拍摄于贵州荔波县黎明关水族乡）

图7-9　媛脉蜡蝉属未定种2 *Eponisia* sp. 2

A～C. 成虫栖息状；D. 生境及寄主植物

（2024年8月18日，拍摄于广西靖西市龙潭国家湿地公园）

八、扁蜡蝉科
Tropiduchidae

126. 竹鳎扁蜡蝉 *Tambinia bambusana* Chang & Chen（图8-1，图8-2）

分类地位：扁蜡蝉科 Tropiduchidae　鳎扁蜡蝉属 *Tambinia*

危害竹子情况：为害麻竹、甜龙竹等竹子，危害较重。

地理分布：中国（贵州、广西）。

图8-1　竹鳎扁蜡蝉 *Tambinia bambusana*

A～C. 成虫栖息状；D. 生境及寄主植物

（2015年9月3日，拍摄于贵州安龙县仙鹤坪国家森林公园）

图8-2　竹鳎扁蜡蝉 *Tambinia bambusana*

A、B. 成虫栖息状；C、D. 若虫栖息状

（2022年7月10日，拍摄于贵州望谟县者康村磨窑洞珍稀植物移植园）

127. 傲扁蜡蝉属未定种 *Ommatissus* sp. （图8-3）

分类地位：扁蜡蝉科 Tropiduchidae　傲扁蜡蝉属 *Ommatissus*

危害竹子情况：较轻。

地理分布：中国（贵州、山东、山西、湖南、福建、黑龙江），日本，韩国。

图8-3　傲扁蜡蝉属未定种 *Ommatissus* sp.

A、B. 雌成虫栖息状；C. 生境及寄主植物

（2022年10月23日，拍摄于贵州习水县东风湖国家湿地公园）

128. 中华卡扁蜡蝉 *Kallitaxila sinica* (Walker)（图 8-4）

分类地位： 扁蜡蝉科 Tropiduchidae　卡扁蜡蝉属 *Kallitaxila*

危害竹子情况： 较轻。

地理分布： 中国（山东、海南、贵州、湖南、广东、台湾、广西）。

图 8-4　中华卡扁蜡蝉 *Kallitaxila sinica*

A～C. 成虫栖息状；D. 生境及寄主植物

（2024 年 8 月 15 日，拍摄于广西凭祥市夏石镇）

九、 阉蜡蝉科
Kinnaridae

129. 阄蜡蝉属未定种 *Kinnara* sp.（图9-1）

分类地位：阄蜡蝉科Kinnaridae 阄蜡蝉属*Kinnara*

危害竹子情况：轻。

地理分布：中国（云南）。

图9-1　阄蜡蝉属未定种 *Kinnara* sp.

A～D. 成虫栖息状

（2015年8月14日，拍摄于云南保山市郊区）

十、颖蜡蝉科
Achilidae

130. 台湾贝颖蜡蝉 *Betatropis formosana* Matsumura（图 10-1）

分类地位：颖蜡蝉科 Achilidae 贝颖蜡蝉属 *Betatropis*

危害竹子情况：轻。

地理分布：中国（江苏、湖北、福建、台湾、贵州、湖南）。

图 10-1　台湾贝颖蜡蝉 *Betatropis formosana*

A、B. 成虫栖息状；C. 生境及寄主植物

（2012 年 10 月 2 日，拍摄于湖南新宁县崀山国家地质公园）

131. 烟翅安可颖蜡蝉 *Akotropis fumata* Matsumura（图10-2，图10-3）

分类地位： 颖蜡蝉科 Achilidae　安可颖蜡蝉属 *Akotropis*

危害竹子情况： 轻。

地理分布： 中国（陕西、河南、山东、山西、福建、台湾、海南、广西、贵州、云南）。

图10-2　烟翅安可颖蜡蝉 *Akotropis fumata*

A～C. 成虫栖息状；D. 生境及寄主植物

（2015年9月15日，拍摄于贵州罗甸县红水河镇）

图 10-3　烟翅安可颖蜡蝉 *Akotropis fumata*

A～C. 成虫栖息状；D. 生境及寄主植物

（2024 年 8 月 14 日，拍摄于广西凭祥市友谊镇）

132. 方口乌颖蜡蝉 *Usana oblongincisa* Long, Yang & Chen（图10-4）

分类地位：颖蜡蝉科 Achilidae　乌颖蜡蝉属 *Usana*

危害竹子情况：轻。

地理分布：中国（海南、广西、贵州）。

图10-4　方口乌颖蜡蝉 *Usana oblongincisa*

A～C. 成虫栖息状；D. 生境及寄主植物

（2024年8月16日，拍摄于广西弄岗国家级自然保护区）

133. 黔德颖蜡蝉 *Deferunda qiana* Chen & He（图10-5）

分类地位： 颖蜡蝉科 Achilidae　德颖蜡蝉属 *Deferunda*

危害竹子情况： 轻。

地理分布： 中国（贵州、云南）。

图10-5　黔德颖蜡蝉 *Deferunda qiana*

A、B. 成虫栖息状；C. 生境及寄主植物

（2024年8月3日，拍摄于贵州罗甸县沫阳镇大小井省级风景名胜区）

134. 德颖蜡蝉属未定种 *Deferunda* sp.（图10-6）

分类地位：颖蜡蝉科 Achilidae　德颖蜡蝉属 *Deferunda*

危害竹子情况：轻。

地理分布：中国（广西）。

图10-6　德颖蜡蝉属未定种 *Deferunda* sp.

A～C. 成虫栖息状；D. 生境及寄主植物

（2024年8月16日，拍摄于广西弄岗国家级自然保护区）

十一、象蜡蝉科
Dictyopharidae

135. 海南丽象蜡蝉 *Orthopagus hainanensis* Song, Chen & Liang（图11-1）

分类地位：象蜡蝉科 Dictyopharidae　丽象蜡蝉属 *Orthopagus*

危害竹子情况：轻。

地理分布：中国（海南）。

图11-1　海南丽象蜡蝉 *Orthopagus hainanensis*

A～C. 成虫栖息状；D. 生境及寄主植物

（2013年4月9日，拍摄于海南尖峰岭国家级自然保护区）

136. 丽象蜡蝉 *Orthopagus splendens* (Germar)（图11-2）

分类地位： 象蜡蝉科 Dictyopharidae　丽象蜡蝉属 *Orthopagus*

危害竹子情况： 轻。

地理分布： 中国（黑龙江、吉林、辽宁、内蒙古、台湾、广东、福建、海南、浙江、湖北、江苏、江西、香港、湖南、广西、贵州、陕西、山东、云南、湖北、安徽），日本，朝鲜，印度，缅甸，菲律宾，斯里兰卡，印度尼西亚，马来西亚。

图11-2　丽象蜡蝉 *Orthopagus splendens*

A～C. 成虫栖息状；D. 生境及寄主植物

（2024年8月3日，拍摄于贵州罗甸县沫阳镇）

十二、璐蜡蝉科
Lophopidae

137. 铍璐蜡蝉属未定种1 *Pitambara* sp. 1（图12-1）

分类地位：璐蜡蝉科Lophopidae 铍璐蜡蝉属*Pitambara*

危害竹子情况：轻。

地理分布：中国（云南）。

图12-1 铍璐蜡蝉属未定种1 *Pitambara* sp. 1

A～C. 成虫栖息状；D. 生境及寄主植物

（2018年11月17日，拍摄于云南中国科学院西双版纳热带植物园）

138. 铍璐蜡蝉属未定种2 *Pitambara* sp. 2（图12-2）

分类地位：璐蜡蝉科 Lophopidae 铍璐蜡蝉属 *Pitambara*

危害竹子情况：轻。

地理分布：中国（云南）。

图12-2 铍璐蜡蝉属未定种2 *Pitambara* sp. 2

A～D. 成虫栖息状

（2015年8月18日，拍摄于云南盈江县那邦镇）

139. 铍璐蜡蝉属未定种3 *Pitambara* sp. 3（图12-3）

分类地位：璐蜡蝉科Lophopidae 铍璐蜡蝉属 *Pitambara*

危害竹子情况：轻。

地理分布：中国（云南）。

图12-3　铍璐蜡蝉属未定种3 *Pitambara* sp. 3

A～C. 成虫栖息状；D. 生境及寄主植物

（2023年8月13日，吕莎莎拍摄于云南景洪市勐养镇曼么耐水库）

140. 铍璐蜡蝉属未定种 4 *Pitambara* sp. 4（图12-4，图12-5）

分类地位： 璐蜡蝉科 Lophopidae　铍璐蜡蝉属 *Pitambara*

危害竹子情况： 轻。

地理分布： 中国（广西）。

图12-4　铍璐蜡蝉属未定种 4 *Pitambara* sp. 4

A～C. 成虫栖息状；D. 生境及寄主植物

（2024年8月14日，拍摄于广西凭祥市友谊镇）

图 12-5　铍璐蜡蝉属未定种 4 *Pitambara* sp. 4

A～C. 成虫栖息状；D. 生境及寄主植物

（2024年8月16日，拍摄于广西弄岗国家级自然保护区）

141. 铍璐蜡蝉属未定种 5 *Pitambara* sp. 5（图 12-6）

分类地位： 璐蜡蝉科 Lophopidae　铍璐蜡蝉属 *Pitambara*

危害竹子情况： 轻。

地理分布： 中国（广西）。

图 12-6　铍璐蜡蝉属未定种 5 *Pitambara* sp. 5

A～C. 成虫栖息状；D. 生境及寄主植物

（2024 年 8 月 16 日，拍摄于广西弄岗国家级自然保护区）

142. 颖璐蜡蝉属未定种 1 *Serida* sp. 1（图 12-7）

分类地位：璐蜡蝉科 Lophopidae　颖璐蜡蝉属 *Serida*

危害竹子情况：轻。

地理分布：中国（广西）。

图 12-7　颖璐蜡蝉属未定种 1 *Serida* sp. 1

A、B. 成虫栖息状；C. 若虫栖息状；D. 生境及寄主植物

（2024 年 8 月 16 日，拍摄于广西弄岗国家级自然保护区）

143. 颖璐蜡蝉属未定种2 *Serida* sp. 2（图12-8）

分类地位：璐蜡蝉科Lophopidae 颖璐蜡蝉属*Serida*

危害竹子情况：轻。

地理分布：中国（贵州）。

图12-8　颖璐蜡蝉属未定种2 *Serida* sp. 2

A～C. 成虫栖息状；D. 生境及寄主植物

（2018年9月5日，拍摄于贵州茂兰国家级自然保护区）

主要参考文献

陈祥盛, 丁锦华. 2000. 中国短头飞虱属一新种记述 (同翅目: 飞虱科). 动物分类学报, 25(4): 413-415.

陈祥盛, 李子忠. 2000. 贵州害竹飞虱二新种记述 (同翅目: 飞虱科). 动物分类学报, 25(2): 178-182.

陈祥盛, 李子忠, 蒋书楠. 2000. 中国害竹飞虱二新种记述 (同翅目: 蜡蝉总科). 林业科学, 36(3): 77-80.

陈祥盛, 梁爱萍. 2005. 偏角飞虱属分类研究 (同翅目, 蜡蝉总科, 飞虱科). 动物分类学报, 30(2): 374-378.

陈祥盛, 杨琳. 2023. 贵州竹子刺吸类昆虫生态图鉴. 贵阳: 贵州大学出版社.

陈祥盛, 张争光, 常志敏. 2014. 中国瓢蜡蝉和短翅蜡蝉 半翅目: 蜡蝉总科. 贵阳: 贵州科技出版社.

丁锦华. 1982. 飞虱科凹距族两新种记述. 南京农业大学学报, (4): 42-45.

丁锦华. 1987. 梯顶飞虱属一新种 (同翅目: 飞虱科). 昆虫学报, 30(4): 439-440.

丁锦华. 2006. 中国动物志 昆虫纲 第四十五卷 同翅目 飞虱科. 北京: 科学出版社.

丁锦华, 胡春林. 1987. 带纹竹飞虱雄性的记述. 昆虫分类学报, 9(2): 106.

丁锦华, 胡国文. 1982. 竹飞虱属一新种记述 (同翅目: 飞虱科). 昆虫学报, 25(4): 443-444.

丁锦华, 杨莲芳, 胡春林. 1986. 我国云南害竹飞虱的新属和新种记述 (同翅目: 飞虱科). 昆虫学报, 29(4): 415-425.

葛钟麟. 1980. 飞虱科五新种描述. 昆虫学报, 23(2): 195-201.

葛钟麟, 丁锦华, 田立新, 黄其林. 1984. 中国经济昆虫志 第二十七册 同翅目 飞虱科. 北京: 科学出版社.

葛钟麟, 黄其林, 田立新, 丁锦华. 1980. 飞虱科的一些新属和新种记述. 昆虫学报, 23(4): 413-426.

黄其林, 田立新, 丁锦华. 1979. 我国为害竹子的飞虱新属和新种初记. 动物分类学报, 4(2): 170-181.

秦道正, 袁锋. 1998. 中国偏角飞虱属一新种 (同翅目: 飞虱科). 昆虫分类学报, 20(3): 168-170.

秦道正, 袁锋. 1999. 竹飞虱属一新种记述 (同翅目: 飞虱科). 昆虫分类学报, 21(1): 33-35.

吴海霞, 梁爱萍. 2001. 寡室袖蜡蝉属三新种 (同翅目: 袖蜡蝉科). 动物分类学报, 26(4): 511-517.

张雅林, 车艳丽, 孟瑞, 王应伦. 2020. 中国动物志 昆虫纲 第七十卷 半翅目 杯瓢蜡蝉科、瓢蜡蝉科. 北京: 科学出版社.

朱坤炎. 1985. 中国飞虱科新记录——纹翅叶角飞虱. 浙江农业大学学报, 11(2): 236.

Asche M. 1983. To the knowledge of the genus *Epeurysa* Matsumura, 1900 (Homoptera: Auchenorrhyncha: Fulgoromorpha: Delphacidae). Marburger Entomologische Publikationen, 1(8): 211-226.

Chang Z M, Chen X S. 2012. *Tambinia bambusana* sp. nov., a new bamboo-feeding species of Tambiniini (Hemiptera: Fulgoromorpha: Tropiduchidae) from China. Florida Entomologist, 95(4): 971-978.

Chen X S. 2003. A new species of the genus *Neobelocera* (Homoptera: Delphacidae) from China. Zootaxa, 290(1): 1-4.

Chen X S, Li X F, Liang A P, Yang L. 2006. Review of the bamboo delphacid genus *Malaxa* Melichar (Hemiptera: Fulgoroidea: Delphacidae) from China. Annales Zoologici, 56(1): 159-166.

Chen X S, Liang A P. 2007. Revision of the oriental genus *Bambusiphaga* Huang and Ding (Hemiptera: Fulgoroidea: Delphacidae). Zoological Studies, 46(4): 503-519.

Chen X S, Tsai J H. 2009. Two new genera of Tropidocephalini (Hemiptera: Fulgoroidea: Delphacidae) from Hainan Province, China. Florida Entomologist, 92(2): 261-268.

Chen X S, Yang L. 2010. Oriental bamboo delphacid planthoppers: three new species of genus *Kakuna* Matsumura (Hemiptera: Fulgoromorpha: Delphacidae) from Guizhou Province, China. Zootaxa, 2344(1): 29-38.

Chen X S, Yang L, Tsai J H. 2007a. Revision of the bamboo delphacid genus *Belocera* (Hemiptera: Fulgoroidea: Delphacidae). Florida Entomologist, 90(4): 674-682.

Chen X S, Yang L, Tsai J H. 2007b. Review of the bamboo delphacid genus *Arcofacies* (Hemiptera: Fulgoroidea: Delphacidae) from China, with description of one new species. Florida Entomologist, 90(4): 683-689.

Chen X S, Zhang Z G. 2011. *Bambusicaliscelis*, a new bamboo-feeding planthopper genus of Caliscelini (Hemiptera: Fulgoroidea: Caliscelidae: Caliscelinae), with descriptions of two new species and their fifth-instar nymphs from southwestern China. Annals of the Entomological Society of America, 104(2): 95-104.

Distant W L. 1906. Rhynchota. Vol. III. Heteroptera-Homoptera. London: Taylor and Francis: 1-503.

Distant W L. 1911. LXX.—Descriptions of new genera and species of oriental Homoptera. Annals and Magazine of Natural History(Ser. 8), 8(47): 639-649.

Gong N, Chen X S, Yang L. 2023a. A new bamboo-feeding species of the genus *Pseudosymplanella* Che, Zhang & Webb, 2009 (Hemiptera, Caliscelidae, Ommatidiotinae) from China. ZooKeys, 1186: 97-104.

Gong N, Chen X S, Yang L. 2023b. Two new bamboo-feeding species of the planthopper genus *Bambusicaliscelis* Chen & Zhang, 2011 (Hemiptera, Fulgoromorpha, Caliscelidae) from China. ZooKeys, 1183: 111-120.

Gong N, Yang L, Chen X S. 2018a. *Youtuus*, a new bamboo-feeding genus of the tribe Augilini with two new species from China (Hemiptera, Fulgoromorpha, Caliscelidae). ZooKeys, 783: 85-96.

Gong N, Yang L, Chen X S. 2018b. Two new species of the bamboo-feeding genus *Bambusicaliscelis* Chen & Zhang, 2011 from China (Hemiptera, Fulgoromorpha, Caliscelidae). ZooKeys, 776: 81-89.

Gong N, Yang L, Chen X S. 2020a. New genus and new species of the tribe Augilini (Hemiptera, Fulgoromorpha: Caliscelidae) from Yunnan Province in China. Zootaxa, 4895(3): 411-420.

Gong N, Yang L, Chen X S. 2020b. Two new species of the genus *Symplanella* Fennah (Hemiptera, Fulgoromorpha, Caliscelidae) from China. Zootaxa, 4801(2): 355-362.

Gong N, Yang L, Chen X S. 2021. First record of the genus *Augilina* Melichar, 1914 (Hemiptera, Fulgoromorpha, Caliscelidae) from China, with descriptions of two new bamboo-feeding species. European Journal of Taxonomy, 744: 38-48.

Guo L Z, Liang A P, Jiang G M. 2005. Four new species and a new record of Delphacidae (Hemiptera) from China. Oriental Insects, 39(1): 161-174.

Hou X H, Chen X S. 2010a. Description of one new species of oriental bamboo planthopper genus *Arcofacies* Muir (Hemiptera, Fulgoroidea, Delphacidae) from Yunnan, China. Acta Zootaxonomica Sinica, 35(1): 52-56.

Hou X H, Chen X S. 2010b. Oriental bamboo planthoppers: two new species of the genus *Bambusiphaga* (Hemiptera: Fulgoroidea: Delphacidae) from Hainan Island, China. Florida Entomologist, 93(3): 391-397.

Hou X H, Chen X S. 2010c. Review of the oriental bamboo delphacid genus *Neobelocera* Ding & Yang (Hemiptera: Fulgoromorpha: Delphacidae) with the description of one new species. Zootaxa, 2387: 39-50.

Hou X H, Yang L, Chen X S. 2013. A checklist of the genus *Malaxa* (Hemiptera: Fulgoromorpha: Delphacidae) with descriptions and illustrations of *Malaxa bispinata* newly recorded in China and the fifth instar of *Malaxa delicata*. Florida Entomologist, 96(3): 864-870.

Li H X, Chen X S, Yang L. 2021. Review the bamboo-feeding genus *Arcofaciella* Fennah, 1956 (Hemiptera: Fulgoromorpha: Delphacidae) with description of a new species from India. European Journal of Taxonomy, 748: 51-66.

Li H X, Chen X S, Yang L. 2023a. A new bamboo-feeding planthopper genus *Aodingus* Chen & Li

(Hemiptera: Fulgoroidea: Delphacidae: Tropidocephalini) with descriptions of three new species from China and Vietnam. European Journal of Taxonomy, 891: 151-166.

Li H X, Chen X S, Yang L. 2023b. Three new species of the bamboo-feeding planthopper genus *Bambusiphaga* Huang & Ding from China (Hemiptera: Fulgoroidea: Delphacidae). European Journal of Taxonomy, 875: 142-158.

Li H X, Chen X S, Yang L. 2023c. Two new species of the bamboo-feeding planthopper genus *Neobelocera* Ding & Yang from China (Hemiptera, Fulgoromorpha, Delphacidae). ZooKeys, 1183: 233-244.

Li H X, Yang L, Chen X S. 2018. Two new species of the bamboo-feeding planthopper genus *Bambusiphaga* Huang & Ding from China (Hemiptera, Fulgoromorpha, Delphacidae). ZooKeys, 735: 83-96.

Li H X, Yang L, Chen X S. 2019a. Taxonomic study of the genus *Malaxa* Melichar, with descriptions of two new species from China (Hemiptera, Fulgoroidea, Delphacidae). ZooKeys, 861: 43-52.

Li H X, Yang L, Chen X S. 2019b. Two new species of the bamboo-feeding planthopper genus *Purohita* Distant from China (Hemiptera, Fulgoromorpha, Delphacidae). ZooKeys, 855: 85-94.

Li H X, Yang L, Chen X S. 2019c. Two new species of the bamboo-feeding planthopper genus *Arcofacies* Muir (Hemiptera: Fulgoroidea: Delphacidae) from China. Zootaxa, 4706(2): 384-390.

Li H X, Yang L, Chen X S. 2019d. Redescription of *Arcifrons arcifrontalis* Ding & Yang, 1986 (Hemiptera, Fulgoromorpha, Delphacidae). ZooKeys, 825: 145-152.

Li H X, Yang L, Chen X S. 2020. Two new species of the bamboo-feeding planthopper genus *Neobelocera* Ding & Yang, 1986 from China (Hemiptera, Fulgoroidea, Delphacidae). European Journal of Taxonomy, 641: 1-14.

Lv S S, Yang L, Chen X S. 2021. Two new species of the planthopper genus *Eponisiella* Emeljanov from China (Hemiptera, Fulgoromorpha, Meenoplidae). European Journal of Taxonomy, 767: 83-93.

Lv S S, Yang L, Chen X S. 2024. Two new species of the planthopper genus *Metanigrus* Tsaur, Yang & Wilson from China (Hemiptera: Fulgoromorpha: Meenoplidae), with an updated checklist and key to species. Zootaxa, 5419(2): 289-295.

Matsumura S. 1900. Uebersicht der Fulgoriden Japans. Entomologische Nachrichten, 26: 205-213.

Matsumura S. 1914. Beitrag zur Kenntnis der Fulgoriden Japans. Annales Historico-Naturales Musei Nationalis Hungarici, 12: 261-305.

Qin D Z. 2012. One new species of the Chinese endemic delphacid genus *Belocera* Muir (Hemiptera: Fulgoroidea) with a key to all species. Entomotaxonomia, 34(3): 527-532.

Qin D Z, Jiang C Z, Men Q L. 2011. A remarkable new species of the Tropidocephaline planthopper genus *Epeurysa* Matsumura (Hemiptera, Fulgoroidea, Delphacidae), with an identification key to all species from China. Acta Zootaxonomica Sinica, 36(3): 556-560.

Qin D Z, Zhang Y L. 2009. A revision of *Malaxella* Ding & Hu (Hemiptera: Delphacidae) with description of a new species. Zootaxa, 2208: 44-50.

Qin D Z, Zhang Y L, Ding J H. 2006. A taxonomic study of the genus *Bambusiphaga* (Hemiptera, Fulgoroidea, Delphacidae). Acta Zootaxonomica Sinica, 31(1): 148-151.

Ren F J, Huang Y X, Zheng L F, Qin D Z. 2015. Review of the genus *Malaxella* (Hemiptera: Fulgoroidea: Delphacidae) endemic in China, with a description of a new species. Florida Entomologist, 98(1): 104-113.

Song Z S, Malenovský I, Chen J Q, Deckert J, Liang A P. 2018. Taxonomic review of the planthopper genus *Orthopagus* (Hemiptera, Fulgoromorpha, Dictyopharidae), with descriptions of two new species. Zoosystematics and Evolution, 94(2): 369-391.

Sui Y J, Chen X S. 2019. Review of the genus *Vekunta* Distant from China, with descriptions of two new species (Hemiptera, Fulgoromorpha, Derbidae). ZooKeys, 825: 55-69.

Sui Y J, Yang L, Long J K, Chang Z M, Chen X S. 2023. Review of the genus *Hauptenia* Szwedo (Hemiptera, Fulgoromorpha, Derbidae), with descriptions of two new species from China. ZooKeys, 1157: 95-108.

Tsaur S C, Hsu T C, Van Stalle J. 1991. Cixiidae of Taiwan, Part VI. *Cixius*. Journal of Taiwan Museum, 44(2): 169-306.

Wu H X, Liang A P. 2003. Three new species of *Pamendanga* Distant (Homoptera: Derbidae) from China. Oriental Insects, 37(1): 457-462.

Wu H X, Liang A P, Jiang G M. 2005. The tribe Otiocerini in China with descriptions of five new species (Hemiptera: Fulgoroidea: Derbidae). Oriental Insects, 39(1): 281-294.

Wu H X, Liang A P, Zhang G X. 2003. The genus *Neoproutista* Yang & Wu (Homoptera: Derbidae) from China. Oriental Insects, 37(1): 463-472.

Yang J T, Yang C T. 1986. Delphacidae of Taiwan (I), Asiracinae and tribe Tropidocephalini (Homoptera: Fulgoroidea). Taiwan Museum Special Publication, 6: 1-79.

Yang L, Chen X S. 2011. The oriental bamboo-feeding genus *Bambusiphaga* Huang & Ding, 1979 (Hemiptera: Delphacidae: Tropidocephalini): a checklist, a key to the species and descriptions of two new species. Zootaxa, 2879: 50-59.

Yang L, Chen X S. 2014. Three new bamboo-feeding species of the genus *Symplanella* Fennah

(Hemiptera, Fulgoromorpha, Caliscelidae) from China. ZooKeys, 408: 19-30.

Yang L J, Yang L, Chang Z M, Chen X S. 2019. Two new species of the tribe Hemisphaeriini (Hemiptera, Fulgoromorpha, Issidae) from southwestern China. ZooKeys, 861: 29-41.

Zhang P, Chen X S. 2013a. First record of the genus *Dilacreon* Fennah, 1980 (Hemiptera: Fulgoromorpha: Cixiidae: Eucarpiini) from China, with description of one new species feeding on bamboo. Journal of the Kansas Entomological Society, 86(4): 318-324.

Zhang P, Chen X S. 2013b. Two new bamboo-feeding species of the genus *Neocarpia* Tsaur & Hsu (Hemiptera: Fulgoromorpha: Cixiidae: Eucarpiini) from Guizhou Province, China. Zootaxa, 3641(1): 41-48.

Zhi Y, Yang L, Chen X S. 2021. Two new bamboo-feeding species of the genus *Kirbyana* Distant, 1906 from China (Hemiptera, Fulgoromorpha, Cixiidae). ZooKeys, 1037: 1-14.

中文名索引

拉丁名索引